NF文庫
ノンフィクション

最後の戦闘機 紫電改

起死回生に賭けた男たちの戦い

碇 義朗

潮書房光人社

最後の戦闘機 紫電改——目次

第三章　俊翼飛ぶ

第四章　戦火の中で

第五章　終焉のとき

空中分解

工場壊滅す

最後の飛行

写真提供／加藤種男・野原茂・平木本一・雑誌「丸」編集部

最後の戦闘機　紫電改

起死回生に賭けた男たちの戦い

プロローグ——初陣の日

　ときおり小雪さえちらつく、冷えこみのきびしい朝だった。

「敵機動部隊が関東地区を襲う公算大」

　前日来の情報で、首都東京の玄関口にあたる横須賀航空隊では、早朝発令された警戒警報とともに、搭乗員は指揮所で待機に入り、飛行場では試運転のエンジン音があるいは高く、あるいは低く、これから始まるであろう激烈な戦闘のプレリュードを奏でていた。

　戦争も五年目に入った昭和二十年二月十六日朝のことで、ズラリ並んだ戦闘機の列線の中に、見なれた零戦や「雷電」とは明らかに違った、少しごつい感じの機体が数機まじっていた。それが誕生間もない新鋭戦闘機「紫電改」で、ほとんどの機体が実験審査中の試作機であることを示すオレンジイエローに塗られていた。

　このころ、連勝の勢いに乗るレイモンド・スプルーアンス提督麾下のアメリカ海軍第五十八機動部隊は、東京から約百二十五マイルの洋上に迫っていた。

　洋上は雲が低くたれこめ、横なぐりの雨が飛行甲板をたたきつけるひどい天候だったが、マーク・ミッチャー提督指揮下の空母群からはつぎつぎに飛行機隊が飛び立ち、艦載機による初の東京空襲に向かった。

スプルーアンスの司令部は、この間にも東京放送がつづけられている様子に、日本が第五十八機動部隊が近くに迫っていることを知らないのではないかと判断し、奇襲成功を信じた。

しかし、それは誤りであった。日本側は敵空襲部隊の第一波が本土に到達する以前に「空襲警報」を発令し、陸海軍の各基地からはいっせいに戦闘機が発進して、迎撃態勢をとっていたのである。

横須賀航空隊、略して横空は海軍航空の総本山だけあって、ここの戦闘機隊には隊長の指《いぶ》宿《すき》正信少佐、先任分隊長塚本祐造大尉、同分隊長ですでに「紫電」部隊で実戦の経験がある岩下邦雄大尉をはじめ、兵隊からたたき上げた羽切松雄少尉、武藤金義飛行兵曹長（略して飛曹長）らそうそうたるパイロットがそろっていたから、その行動は素早かった。

横空戦闘機隊は午前七時三十五分の発進命令でつぎつぎに飛び上がったが、この日、塚本大尉指揮の第二中隊第二小隊長羽切少尉は「紫電改」三号機、第三小隊長武藤飛曹長は同四号機に乗っていた。列機はいずれも零戦で、二千馬力の強力なエンジンのパワーで力強く上昇する「紫電改」の小隊長機について行くのに懸命だった。

〈さすがは「紫電改」だ〉

羽切はこの日初めて実戦に遭遇することになった新鋭機の性能をたしかめるように高度計を見ると、すでに五千メートルを超えていた。さらに頭をめぐらせると、三千メートルのあたりにびっしりと張りつめた雲のわずかなすき間から、横須賀軍港が箱庭のように目に入り、港内の幾条もの白い航跡が敵襲を前にした軍港のあわただしい動きを示していた。

なおも編隊は上昇をつづけ、高度六千メートルで水平飛行に移った直後、先頭の塚本小隊がしきりに翼を左右に振るのが見えた。

いわずもがな、「敵発見」の合図だ。

ハッとして羽切が目をこらすと、編隊の前方、西の空に黒い弾幕がいくつも上がっている。そしてその付近、雲間のわずかな青空の中に、黒いゴマをまき散らしたような数十の黒点を認めた。

それは味方のではない、明らかに敵編隊であった。

――距離は遠い。私はゆっくり翼を左右に振って「敵発見」を列機に知らせた。位置は江の島上空か。進路は東北だ。数において不足はない。きょうこそ無事には帰さないぞ。敵愾心《てきがい》が急に燃え出した。進路を北にとって増速する。速力がグングン出る。私は「紫電改」なので（零戦の）列機を気にしながら射撃の準備をした。
黒点が次第に大きくなってきた。距離千五百メートル。列機もピタリとついてくる。塚本小隊は左前方をまっしぐらに進んでゆく。（近づくにつれ、敵機はまぎれもない強敵グラマンF6F「ヘルキャット」であることがわかった）
距離八百メートル。敵編隊も気づいたか上下運動がはげしくなってきた。列機にも攻撃準備を合図する。私の位置から敵の第二小隊を捕捉するのが有利とみて、斜め後上方から射撃態勢に入った。

列機もそれぞれ優位な態勢から、適当な敵機を目がけて空戦に入っていった。しかし敵もさるもの、こちらに向かって前下方から射ってきた。

それは無理な態勢だったから、弾はそれて遠くの方に消えたが、私の射撃も致命的なダメージをあたえるにはいたらなかった。なおも私はこの敵に後下方から強引に食い下がり、連続発射した。私は完全に敵の死角に入っていた。二十ミリ弾が火を吹く。曳痕弾が胴腹に吸い込まれる。かなりの手ごたえだ。

やっと白煙を曳きはじめ、速力も落ちてきた。間髪を入れず三撃目を発射する。おそらく数十発は命中しているであろう。敵機はたまらずドス黒い煙を吐きながら地上めがけて落ちていった。

（羽切松雄、特空会編『飛行機雲』より）

このあと、羽切は新たな敵を求めて空戦のうずの中に入っていったが、その羽切機の頭上をかすめてグラマンが飛び去り、それを零戦が追い、あるいはその逆の光景があちこちに展開され、機銃弾が花火のように飛び交う中を彼我不明の飛行機が火を吹いて落ちてゆく。

空戦の渦中にいる者にとっては、そのどれもがほんの一瞬のできごととして映ずるに過ぎない。羽切は二機目のＦ６Ｆには逃げられて空戦の続行を断念したが、「紫電改」のたしかな手ごたえに満足をおぼえながら基地にもどった。

Ｆ６Ｆ一機を撃墜した「紫電改」三号機の第二小隊長羽切少尉に対し、「紫電改」四号機の第三小隊長武藤金義飛曹長は、それを上まわる活躍ぶりだった。

塚本、羽切両小隊と分離した武藤はただ一機となって厚木基地の約四千メートル上空にやって来たところで、千メートルほど下を南下して相模湾方面に向かうF6F「ヘルキャット」の編隊に遭遇、攻撃わずか二撃で二機を血祭りにあげた。

武藤の戦法は、高度の優位を保ちながら敵編隊に接触をつづけ、下方から攻撃に向かってくる敵機を急降下して撃墜し、すぐに引き上げて次の獲物を狙うというやり方で、いずれもただ一撃でおとしてしまったという。

この空戦の様子は地上の基地からも望見され、その巧みな攻撃ぶりから、武藤はのちに〝空の宮本武蔵〟とたたえられた。卓越した武藤の技量と、強力なエンジンと武装、それに加えて巧妙なしくみの自動空戦フラップを持った「紫電改」との組み合わせがもたらした結果だったが、ほかにも「紫電改」の活躍が目立った。

塚本大尉と同じ横空戦闘機隊分隊長の岩下邦雄大尉も、「紫電改」であがって「ヘルキャット」を一機おとしたが、岩下はこのときが「紫電改」に乗った最初だった。

初めてとあって脚の引き込み操作が不充分だったらしく、ロックがはずれて片脚が少し出たまま空戦をやらざるを得なかったが、それでも敵機をおとすことができたほどにその性能には余裕があったらしい。

「この日の空戦でわが横空戦闘機隊のあげた戦果は撃墜五機、わが方は一機未帰還二機被弾」と、羽切は前記『飛行機雲』の中に書いている。

アメリカ空母「ベンニントン」の戦闘報告書によると、この日「ベンニントン」の第八十二戦闘中隊F6F「ヘルキャット」十六機は、「ホーネット」や「ワスプ」など他空母の「ヘルキャット」四十機とともに攻撃に参加したが、「ベンニントン」の「ヘルキャット」

十六機のうち、九機が厚木上空で十二〜十六機の日本戦闘機と空戦を交えて五機撃墜、五機撃破の戦果をあげ、自軍の損害は五機未帰還（うち一機は味方駆逐艦の誤射による）、四機被弾となっている。

横空戦闘機隊とともに新型機審査部門である横空審査部戦闘機隊の活躍もみごとだった。「紫電改」担当の山本重久大尉は、増山上等飛行兵曹（上飛曹）、平林一等飛行兵曹（一飛曹）らと編隊を組んであがり、厚木基地上空で横空戦闘機隊に合流して待ち構えていたところ、下方に敵編隊を発見した。

F4U「コルセア」、TBF「アベンジャー」、F6F「ヘルキャット」など四、五十機の一梯団で、理想的な後上方攻撃の態勢から降ってはあがり、降ってはあがる反復攻撃で多くの敵機をおとしたが、中でも「紫電改」の山本小隊の活躍は目ざましく、翌朝の新聞にはなばなしく報じられたほどだった。

この日、関東地区に来襲した敵機は、数波に分かれ延べ六百機にたっしたが、翌十七日も引きつづき攻撃が行なわれた。この二日間の空襲で撃墜二百七十五機、撃破五十機以上、わが方の自爆未帰還六十一機という日本側の発表に対し、戦後わかったキング元帥の報告書は、日本機三百二十二機を撃墜、地上の百七十七機を撃破、機動部隊の飛行機喪失は各機種合わせて四十九機となっている。

戦争、とくに空中戦の戦果についての双方の数字が大きく食い違うのはとくに珍しいことではなく、比較的信頼できるのは自軍の損害だ。したがって日本側があげた撃墜数をアメリカ側の報告にある四十九機とすれば、横空だけでその十パーセント前後を、わずか数機の「紫電改」があげたことになる。

当時、「紫電改」の名は一般国民にはまったく知られていなかったが、少なくとも二月十六、十七両日の戦闘に見せた「紫電改」の活躍は、すでに「紫電改」による部隊編成を終えて四国松山基地で訓練中だった第三四三航空隊「剣部隊」の前途に大きな期待を抱かせ、とかく沈みがちだった海軍戦闘機隊に明るい希望をもたらしたのである。

第一章　大いなる助走

「紫雲」から「強風」へ

若き技術者たち

「紫電改」戦闘機をつくった川西航空機は、三菱重工業航空機部門、中島飛行機のビッグ・ツーにつづく、日本航空機産業の中堅数社の中の一つで、陸軍機専門の川崎航空機や立川飛行機に対し、愛知航空機などとともに海軍機を専門につくっていた。

大戦突入前の傑作機といわれ、日本海軍の戦艦や巡洋艦の多くに搭載された九四式水上偵察機（九四水偵）、日本初の四発大型機となった九七式（大型）飛行艇（通称九七大艇）、のちに二式（大型）飛行艇（通称二式大艇）として世界でもっともすぐれた大型飛行艇といわれるようになった十三試（昭和十三年度試作計画にもとづく機体であることを示す）大艇などが、代表的な作品だったが、九七大艇の前身である九試大艇の開発に着手するころから設計陣が一新した。

それまで設計陣を引っぱっていた関口英二、戸川不二男といった、どちらかといえば天性の勘と器用さが身上の古い天才設計者たちが、九四式水上偵察機を境に会社をやめ、代わって学者肌の菊原静男ら若い学卒技術者たちが力を振るう時代に変わったのである。

その新設計陣による最初の仕事が九試大艇で、これはみごとに成功し、九七大艇として制式採用となった。意気さかんな菊原以下の若手設計者たちにとって、海軍の要求は軽すぎたといえる。これにこりたか、あるいは味をしめたというべきか、次の十三試大艇に対する海軍の要求はいっきに引き上げられ、とかく設計上の制約の多い飛行艇に対し、陸上四発機と同等かそれ以上の性能を要求した。

それだけではない。川西の実力を見込んだ海軍は、昭和十四年に高速水上偵察機を、つづいて十五年に水上戦闘機の試作をも命じた。菊原ひきいる新設計陣は、がぜん忙しくなった。

高速水偵は十四試でE15K1「紫雲」、水戦は十五試でN1K1「強風」とそれぞれ機体記号があたえられ、まず「紫雲」の設計がスタート、これを追いかけるかたちで「強風」も設計に入った。

ちなみに、機体の愛称は、このころから始まった機種ごとに決められた命名法にしたがったもので、戦闘機は用途に応じて「風」「電」または「雷」「光」など、偵察機は「雲」が下につく名称とするルールにもとづいてつけられたのが、それぞれ「紫雲」「強風」である。

ついでにいえば、のちの「紫電」「紫電改」も同じで、上に「紫」を冠しても「紫電」は戦闘機で、偵察機の「紫雲」とはまったく別機種である。

川西では、「主任設計者」を置いて機種別に設計チームが分かれていた三菱などとは違う開発システム、すなわち性能、空力、構造、動力、兵装、操縦、電気、艤装など専門機能別グループから試作機ごとに設計チームを編成する、今でいうプロジェクト制を採用していた。陸軍機専門で企業規模の似かよった川崎航空機でも同じ方法をとっていたが、これだと少ない設計人員で何機種もの設計作業を並行して進めることができるので、川西や川崎のような中堅の飛行機会社にはうってつけの開発システムだった。

「紫雲」に試みられた斬新なアイデア

ともに単発の高速水上機であり、開発時期もそれほど違わなかったので、大型機用で当時得られた最も出力の大きい三菱「火星」エンジンをつみ、日本ではじめての二重反転プロペラ、シンプルな支持構造の単浮舟(フロート)など多分に共通する部分があったが、何といっても「紫雲」の最大の特色は、翼端の半引込式補助フロートのユニークな機構にあった。

この補助フロートは、下半分はV型底を持つジュラルミン製だが、上半分はズック製で離着水時にはポンプで空気を送りこんでふくらませ、空中では空気を抜いて主翼下面に引き込まれるようになっていた。引き込まれた状態では金属製のフロート下半分のみが翼下面に見えるが、これによって少しでも空気抵抗を減らしてスピードをかせごうという、「紫雲」の基礎計画を担当した井上博之技師(兵庫県西宮市)の発案になるものだが、のちに飛行試験の際、フロート上半分の空気が充分に抜けないために、引き込んだ際に翼に密着せず、気流の乱れを起こして補助翼が振動するなど具合の悪い現象が起きた。

　また、着水した際に作動不良で片方のフロートがふくらまず、会社のテストパイロット乙《おと》訓《くに》輪助飛行士が機体を海岸に乗り上げて転覆をまぬがれるという事故もあった。そんなことからのちにこの引込式補助フロートは取り止めとなり、ふつうの固定式全金属製に改められた。

高速水上偵察機「紫雲」。敵制空権下での強行偵察を可能とする高速の発揮を狙い、空気抵抗低減のため特殊な半引込式補助フロートを採用した。写真はフロートを引き上げた状態。

　はじめて採用した二重反転プロペラも具合よくなかった。水上滑走中の偏向ぐせを直すため、プロペラを二重にしてたがいに反対方向にまわす機構そのものはわるくないのだが、工作がうまくないため振動と油もれがひどく、三十分も飛ぶと風防ガラスが真っ黒に汚れて、まったく前方が見えなくなってしまうのだ。もちろん、これものちにふつうの一重プロペラに変わった。

「紫雲」に試みられたもう一つのアイデアは、敵戦闘機に追われたとき、重量および空気抵抗を減らして高速が出せるよう主フロートを付け根から切り離して投下するようにしたことだ。しかし、その機構に信頼性がなく、主フロートの投下実験は最後まで行なわれなかった。

　すべてアイデアは斬新だったが、それをこなして実用化にこぎつける技術が川西にはまだ育っていなかったのである。

「紫雲」は試験飛行を開始して間もない昭和十六年十月六日、会社のテストパイロット太田飛行士操縦、引込式補助フロートの考案者井上博之技師同乗で試験飛行を行なった際、着水滑走中にパイロットの操作ミスで機体が転覆して、試作一号機が大破するという事故を起こした。

「大安吉日というのに何たる不運。順調に進捗していたE15K第一号機の試験飛行が意外なる重大事故とは、まったく茫然とした」

井上と同期入社で、たまたまこの事故を海岸の指揮所から望遠鏡をのぞいていて目撃した工作課の河原光儀（山口県大畠町）は、当時つけていた日記にそう書いているが、この不運な「紫雲」はその後もなにかと事故や故障が多く、昭和十八年になってやっと制式になったものの、全部で十五機製作されたにとどまった。

敵戦闘機の追撃を振り切って強行偵察ができる高速水上偵察機という海軍の発想そのものに無理があったが、それにこたえるべく不相応に背伸びしたきらいが会社にもあった。

それが「紫雲」を悲運に導いた原因だが、その「紫雲」に約一年おくれて開発をスタートした水上戦闘機「強風」もまた、多分に「紫雲」と共通した設計とレイアウトを採用したため、その後の成長過程で「紫雲」と似かよったトラブルに悩まされる運命を避けることはできなかった。

それはまた水戦「強風」をベースに陸上戦闘機に発展させた「紫電」にも引きつがれるが、このころになると若かった設計者たちも経験をつんで成長したばかりでなく、会社全体の技術レベルも上がって斬新な発想をしっかりモノにできるようになり、それが「紫電改」の成功へとつながった。

〝失敗は成功のもと〟というが、「紫雲」にはじまり「強風」「紫電」とつづいた失敗のつみかさねの末に「紫電改」が生まれたのであり、「強風」は戦闘機としての「紫電改」のルーツであるところから、この異色の水上戦闘機については、少しくわしく語らなければならないだろう。

エンジニア魂の結晶「強風」

水上戦闘機「強風」（N1K1）は、前述のように太平洋戦争勃発に先だつことおよそ一年前の昭和十五年九月、海軍の指示によって「十五試水上戦闘機」として設計が開始された。石油をはじめとする南方の戦略資源を確保するための戦争を予想していた日本海軍は、基地航空勢力や数少ない航空母艦をつかえない場合の上陸作戦の掩護《えんご》用に、水上戦闘機が必要だ、と考えた。つまり、陸上部隊の上陸掩護と、上陸して飛行場ができるまでのつなぎとしての制空権の確保がねらいだったわけだ。

「強風」は、海軍がはじめから水上戦闘機として計画した最初の機体だったので、機体の符号にはNがつけられ、N1K1（Kは川西を示す）と名付けられた。だが、N1K1が開戦予定時期に間に合わないとみた海軍は、これとは別に、新鋭艦上戦闘機として評判がたかく、すでに量産にはいっていた零戦を水上戦闘機に改造することを思いつき、試作を中島飛行機に命じた。

すでに九五式水上偵察機の量産などで水上機にも経験があった中島の海軍機設計陣は、三竹忍技師を中心に、これを、ごく短期間にまとめあげた。ただちに「二式水上戦闘機」として採用され、開戦となるや、北のアリューシャンから南のソロモンまでひろく活躍した。

なお、この艦上戦闘機から改造された二式水上戦闘機はA6M2－N、つまり艦戦である零戦一一型の記号のうしろにNをつけて水戦であることを示しているのにたいし、水戦「強風」から発展した「紫電」および「紫電改」は、陸上戦闘機であるにもかかわらず、水戦の記号であるN1……をそのまま踏襲し、N1K1－J、N1K2－Jなど、うしろに陸上戦闘機であることを示すJがつけられている。

川西としては、これまで大型飛行艇や水上偵察機などを多く手がけ、戦闘機は初めてだったが、何でも新しいものに食いついていくエンジニアリング・スピリットの旺盛《おうせい》な菊原静男、小原正三、馬場敏治、徳田晃一、大沼康二、井上博之技師らをリーダーとする設計陣は、新しいアイデアの投入によって、この新戦闘機を画期的なものとすべくスタートした。

彼らの理想にしたがえば、エンジンのパワーは、できるだけ大きいことがのぞましかった。重く空気抵抗の大きいフロートをつけて、艦戦や陸戦なみの性能を要求されれば、当然のことながら零戦より大きなエンジンを積まねばならないし、これより少しはやく試作が進行していた三菱の十四試局地戦闘機（のちの「雷電」）の例をみても、このころは零戦や「隼」の時代より、ひとまわり大きいエンジンを積むことが世の趨勢《すうせい》となっていたのである。

ところが当時、仮想敵であるアメリカでは、すでにライト・デュプレックス・サイクロンやプラット・アンド・ホイットニー・ダブルワスプなど、二〇〇〇馬力級のエンジンが実用化されていたのにたいし、わが国でもっとも出力の大きい三菱「火星」ですら、一四五〇馬力がやっとというありさまだった。しかも、このエンジンは、一式陸攻などに使われていたのをみてもわかるように、爆撃機むきにできており、直径が大きくて小型の戦闘機に積むには不利であった。

スピードが要求されるから大馬力エンジンを積まねばならない。だがエンジンの直径が大きい。そこで、機体の空気抵抗を極力へらすために設計上のさまざまなテクニックが用いられる。

その第一が、「強風」の外見上の大きな特徴である、太くて丸っこい胴体だ。飛行機の機体がうける空気抵抗には、大きく分けて、機体の断面積に比例する断面抵抗、機体の形状に関係する形状抵抗、それに機体表面と空気の流れとの間で生じる摩擦抵抗などがあるが、これらを全体のバランスから考えて、合計したものが最小になるように設計することがのぞましい。

従来のやり方からすると、直径の大きなエンジンにたいしては、エンジン・ナセルの直後から胴体をしぼって正面面積を極力おさえ、断面抵抗をへらすことが有効とされていた。

ところが、このころ、海軍の航空技術廠（空技廠）の「星型発動機の抵抗少なき装備法」という研究報告があり、胴体を無理に細くせず、プロペラ軸を延長してエンジン・ナセルをしぼり、紡錘《ぼうすい》型胴体とする方法が推奨されていた。胴体を無理にしぼって断面抵抗をへらすよりも、たとえ正面面積はふえても、すんなりとした紡錘型にして形状抵抗をへらしたほうが、全体として空気抵抗の値が小さくなる、という考え方である。

三菱の十二試陸攻(G4M1、のちの一式陸攻)や十四試局戦(J2M1、のちの「雷電」)などの胴体形状は、あきらかにこの思想にもとづいたものであった。

このうち「雷電」は「強風」とおなじ「火星」エンジンを装備することになっていたから、この両機は陸上と水上のちがいはあるにせよ、期せずして似かよった傾向の胴体となったが、ドロップタイプ(水滴型)の風防(キャノピー)を採用した分だけ、「強風」のほうがスマートに見えた。

層流翼の採用

こうして、胴体にかんしては、馬力のわりに外径の大きいエンジンを装備しなければならない不利を、空技廠の研究による空力的洗練によってカバーできる見とおしがついたが、さらに機体全体の摩擦抵抗の大部分を占める主翼については、層流翼を使うことに決めた。

飛行機が高速で飛ぶ場合、主翼のうける抵抗の大部分は、摩擦抵抗――もっとも、現在のジェット機のように超音速、あるいはそれに近い高速となると、またちがってくる――である。

翼表面に沿った、ごく薄い空気流の層を境界層というが、この境界層の中の空気の流れ方によって、摩擦抵抗は大きく左右される。

境界層には、空気が乱れることなく翼表面に吸いつくように流れる層流境界層と、翼表面からはがれて小さな渦を発生しつつ流れる乱流境界層があり、乱流境界層は層流境界層にくらべて摩擦抵抗が格段に大きい。翼の大きさや速度によってちがうが、ふつうの翼型では、前縁に近いごくわずかの部分が層流境界層になっているだけで、あとのほとんど大部分は乱流境界層でおおわれている。

菊原技師は会社に入って間もなく、水上機のスピード・レースであるシュナイダー杯《カップ》の競争機の調査を命じられたことがあったが、見るからに空気抵抗の少なそうな美しい形のレーサーですら、摩擦抵抗が形状抵抗のほぼ半分にもたっすることを知り、それいらい主翼表面の摩擦抵抗をへらすことができたら、という思いが念頭を去らなかった。

そこで菊原は、親友の東京帝国大学航空研究所の谷一郎教授に、摩擦抵抗の少ない翼型をつくってくれないか、と頼んだ。

「強風」に着手するより、ずっと以前のことである。

層流翼については、アメリカのNACA（国立航空研究所、今のNASAに相当する）が、はやくから系統的な研究をはじめ、第二次大戦のはじまる少し前、その年次レポートにデーヴィスという人が、みじかい論文を発表していた。しかし、従来のものにくらべて、摩擦抵抗が三十パーセントから四十パーセントも小さい翼型というだけで、どんな内容のものかは発表されなかった。

「菊原、せっかくのきみの頼みだが、こいつはむずかしいぞ」

はじめ、谷はそういって気乗り薄のようだったので、菊原もあきらめていたが、それから二、三年たったころ、谷から計算結果が送られてくるようになった。

菊原の依頼にいったんは難色を示したものの、もともとこうした問題に興味を抱いていた谷は、層流翼に関するNACAの研究論文はずっと見ていた。

ふつうＮＡＣＡの研究は、そのつど論文として発表されていたが、日中戦争の勃発などで戦争の危機が深まるにつれて発表がだんだんおそくなり、また論文も手に入りにくくなることが予想された。

そんな客観状勢と研究者としての興味が、谷をして層流翼の研究に踏み切らせた、と菊原は想像した。

「タイの顎《あご》だよ。主翼表面の圧力分布がそんなかたちになればいい」

谷は菊原にジョークまじりにそういったが、正式にはＬＢという記号でつぎつぎに層流翼研究結果が発表された。いまなら複雑な計算もコンピューターでたちどころに結果が出せるが、当時はいちいち手まわしの計算機で「ガラガラ、チーン」とやらなければならなかったので、大変な手間と時間を要するやっかいな作業だった。

「計算ができると結果を送ってくれたので、その中からこれがよさそうだと思われるものを使った。いろいろな翼厚比、そして最大厚さの位置や中心線の反り具合もかえて、各種の翼型をつくってみた。前部の形がおかしいとすぐ失速する。全体の反りがおかしいと、ダイブした時の風圧中心がずっと後ろにいって、翼の捩《ねじ》れが大きくなる。

さまざまな要素をとり入れ、層流をながく維持するような性質を持ちながら、ほかの要求をもある程度満足させるようなものをつくろうとすると、ずいぶんたくさんの組み合わせができる。この中から設計者は、自分の設計目的にあったものをえらぶわけです。

谷君は、その結果を『航研レポート』につぎつぎと発表したが、アメリカ側はこんないいものを敵方に知らせては損とばかり、戦争開始の前後から発表をおさえてしまった。

第1図　層流翼と普通の翼の比較

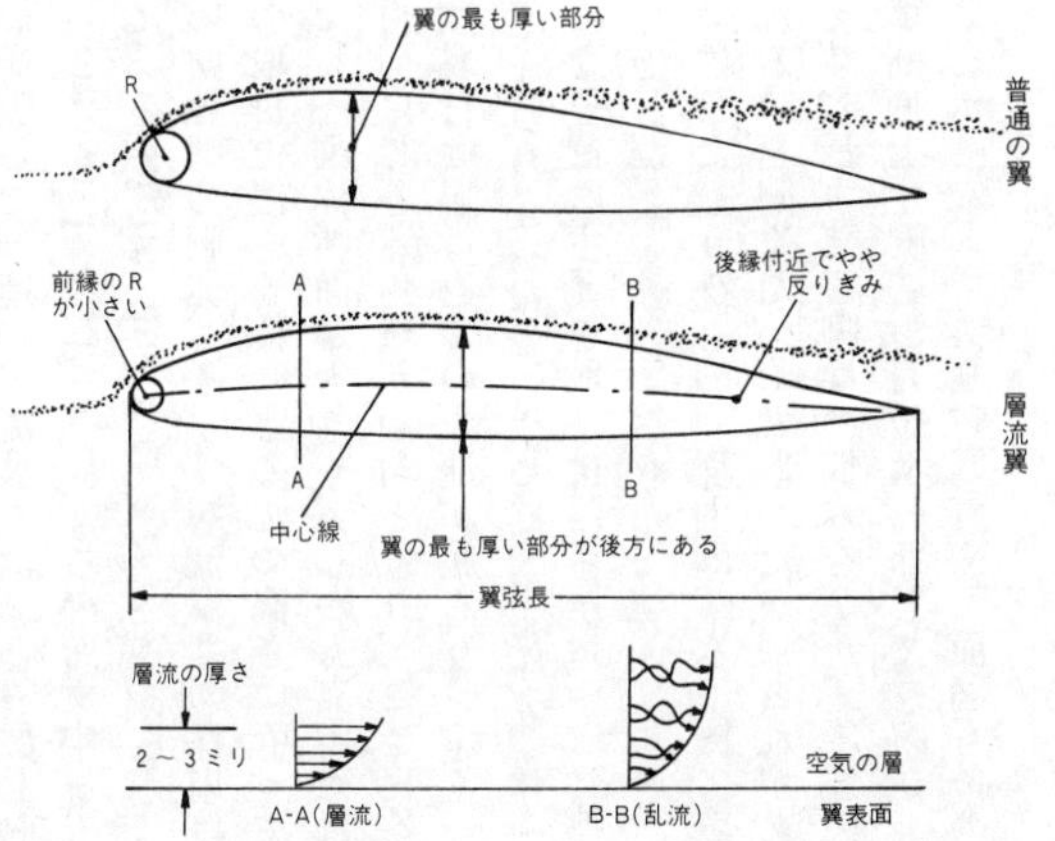

層流翼について——翼の表面の空気が流れるきわめて薄い部分を境界層といい、境界層は後ろにいくほど発達して層が厚くなる。薄い部分では断面A—Aのように流れは整然としているが後方にいくと境界層が厚くなるとともに流れに乱れが生ずる。これを乱流といい、揚力が減るだけでなく空気抵抗（主として翼表面の摩擦抵抗）がふえる。そこで翼表面の境界層をできるだけ長く層流の状態にとどめておく目的でつくられたのが層流翼で、翼型の前部をとがらせ、最大厚さの位置はふつうは翼弦長の15〜20パーセントほどなのに対し、40〜50パーセント、つまり真ん中近くまで後退している。層流翼型の効果があるのは翼表面のなめらかさが前提で「紫電改」の表面仕上げはかならずしも上等ではなかったから、効果はかなり減殺されたのではないか。

戦後、谷君がアメリカに行って当時の関係者に会ったら、君が日本でどんどん発表しているので、こちらはヒヤヒヤしていたよ、と大笑いになったという。その内容は日米ともにほとんどおなじもので、ただアメリカが大きな風洞設備をもって、豊富な実験データをもとに研究をすすめることができたのにたいし、そうした設備のなかった日本では、もっぱら計算だけに頼らなければならなかった点が大きなちがいだった」

　菊原の語る層流翼開発についてのエピソードだが、のちに谷教授が学士院会員に選ばれたのは、この層流翼にかんする研究の功績によるものと思われる。

谷が発表した一連の層流翼型は、一般にLB翼とよばれたが、その意味は層流境界層、つまりLaminar Boundary Layerの頭文字を二つとったものであり、同時に東大の校旗のカラーであるLight Blueの頭文字でもあった。

太い紡錘型の胴体、そして層流翼型の採用によって空気抵抗の大幅な減少が見込まれたが、主翼の取付位置を胴体のどの辺の高さにもっていくか、も問題だった。

なにしろ胴体断面が大きく、しかも真円に近い形をしているので、低翼にすると胴体と主翼取付面にできる角度が鋭角となり、ここに空気流の干渉が起こり、ルートストール、すなわち主翼付け根付近での失速が起こりやすくなる。これを防ぐには、大きなフィレット（整形覆い）をつけて、ここにできるV形の角度をやわらげてやるか、この角度がゆるやかになるような位置に主翼を取り付けるかだが、「強風」ではちょうど胴体断面の三分の一ぐらいの高さとした。

中翼にしたもうひとつの理由は、水上機であるため、離着水時に水しぶきによって翼がたたかれるのを防ぐためでもあったが、これがあとになって陸上戦闘機「紫電」に改造するにあたって、長すぎる脚柱の悩みをかかえる原因となった。

胴体断面と主翼の取付位置、そしてフィレットの形や大きさなどは、飛行機の外観を決める重要なポイントであり、写真や三面図もそのつもりで気をつけて見ると興味ぶかいものがある。

第２図　「強風」と二式水上戦闘機

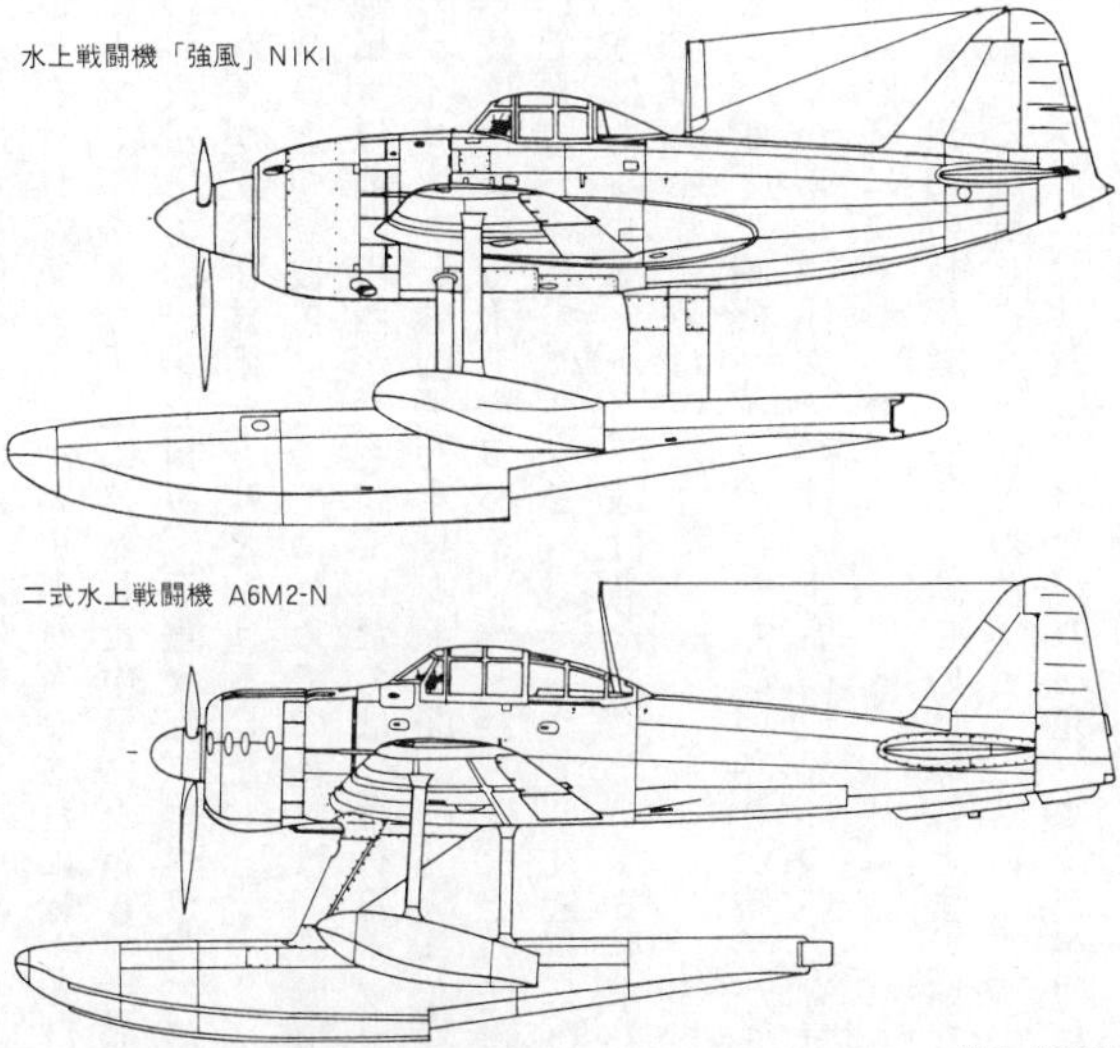

作図・渡部利久

試作の難航

二種の水上戦闘機、Ａ６Ｍ２－ＮとＮ１Ｋ１の試作は、それぞれちがった方法ですすめられた。すでに自社の工場で「零戦」の転換生産をやっており、それに、戦闘機についても水上機（九五式水偵）についても充分な経験をもっていた中島にとって、零戦を水上戦闘機になおすことは勝手知った道を歩くようなものだった。三竹忍技師をチーフとする設計チームはハイペースで設計作業をすすめ、ちょうど太平洋戦争のはじまった昭和十六年十二月八日に、最初のテスト飛行にこぎつけた。

これにたいし、先行モデルのＥ15Ｋ１高速水偵「紫雲」の経験を生かしたとはいえ、戦闘機をはじめて手がける川西チームのほうは難航した。そのうえ、新しいもの好き、何でも自分たちで創造しなければ気のすまない川西気質《かたぎ》がこれに輪をかけた。

　オーソドックスな手法に終始した中島にたいし、川西は層流翼型をとりいれ、大馬力大直径の「火星」エンジンを積み、二重反転プロペラ、二段に下がる親子フラップを採用するなど、かずかずの新技術をもりこもうとした。

　もうひとつ、彼らにとってはじめての経験は、戦闘機パイロットたちとのつきあいだった。「強風」以前に川西がつくっていたのは、飛行艇やフロート付きの艦載機で、これらの飛行機のパイロットと戦闘機パイロットの間には、大きな性格のちがいがあった。

　軍艦に積まれる水上機のパイロットたちは、その任務がらか我慢強く、命令にたいしては決して文句をいわずに従うといったふうで、礼儀正しい紳士が多かった。操縦操作も戦闘機のようにあらくないから、設計者たちにたいする要求も、それほどきびしいものではなく、ことばづかいもていねいだった。

　ところが、戦闘機パイロットたちはいささか勝手がちがった。操縦の舵の感覚などにおそろしくやかましい注文をつけ、座席や視界についても気に入らないところがあると、遠慮なしに設計者にかみついた。

　だが、川西の技術者たちは、新しい体験にとまどいながらも、戦闘機パイロットたちの意見を素直に理解しようとつとめた。

「パイロットと設計者は、おたがいに充分に意志が通じないと、いい飛行機はできない。だからパイロットのいうことは、全部信用する。

自分が設計したときの考え、こうなるはずだ、と思っていたこととまるで反対のことをパイロットが報告したとしても『この野郎、馬鹿なことをいうな』などという気持が、少しでも起こったらだめだ。パイロットのいうとおりだ、とまず自分にいいきかせて、なぜそうなるかを、とことんまでつきつめて考えてみることだ」

これは菊原の言葉だが、「紫電」「紫電改」のテストを海軍側として担当した志賀淑雄少佐（ノーベル工業社長）も、

「菊原さんは冷静そのもので、われわれがいいたい放題のことを、ぶしつけにいっても、決してカッカしたりしなかった」

と菊原をほめている。

高速と格闘性のはざまで

「強風」の初飛行

中島の二式水戦におくれること約四ヵ月、昭和十七年四月に「強風」試作一号機が完成した。

初のテスト飛行は五月六日。鳴尾工場前のエプロンに引き出された「強風」は、真新しいジュラルミンの機体に春の陽光をいっぱいにあびて美しかった。

砲弾型の胴体、二重反転プロペラのため大きく突出したスピンナー（プロペラの根元につ

く紡錘形の覆い）、張線のないシンプルな支柱のフロートなど、それは見るからに高性能を思わせ、誰もが川西として初の戦闘機の誕生に感動をおぼえたが、もと海軍中将の前原謙治副社長の感激ぶりは格別だった。

「よし、これがありゃいい。この戦闘機で日本を救うのだ」

そういって、海岸にしつらえた指揮所で涙をながしてよろこぶ副社長を見て、飛行機ができたくらいで、何であんなに泣くのかな——若い技術者たちは首をひねった。

この前原副社長は、エピソードの多い人だった。愛国者で、猛烈副社長としていささか脱線気味のところもあったが、残業でおそくなった社員をみつけると、自分の乗用車に乗せて駅まで送ったりする人情家の一面も伝えられている。また、川西に出張してくる海軍の若いパイロットたちにも、「ご苦労さまです」と、ていねいに挨拶する小柄な副社長を、もと海軍中将とは知らない彼らは、「あのじいさん、一体だれだろう」と、けげんに思ったらしい。

この日、鳴尾の海はおだやか。会社のテストパイロット乙訓《おとくに》飛行士の操縦で、「強風」はかるがると離水した。

ところが、この直後に異常が発生した。

そのときの様子を、乙訓は語る。

「離水してすぐにフラップをもどしたとき、操縦桿が激しい振動を起こした。座席位置を下げ、スライド式の風防を閉めてみたが、振動は止まらない。そこで着水を決意して風防に手をかけたが、開かない。ブラブラする操縦桿を両膝《ひざ》で押さえ、両腕で力をこめて引っ張ったがやはり開かない。これまでと観念してそのまま着水姿勢をとり、フラップを下げたら操縦桿の振れは止まった。

だが風防が閉まったままなので座席を高い位置に直すことができず、前方の視界がひどく悪い。これはいかんと最悪の事態を覚悟したが、さいわいにも無事接水することができた」

テスト飛行を行なう水上戦闘機「強風」試作1号機。川西航空機がはじめて開発した戦闘機である本機は、二重反転プロペラ、層流翼などかずかずの新技術を投入した野心作だった。

フィレットのいたずら

もどって来た機体を引き上げて、乙訓の状況報告をもとにさっそく原因調査が行なわれたが、風防が開かなった点については、すぐ原因がわかった。

工作不良のため風防を閉めたあと機内の空気が吸い出され、その風圧で風防がスライドする胴体側のレールが変形したせいであった。

操縦桿の振動については、どうやら主翼付け根のフィレットの形状に問題があるらしいと判断され、こうした単葉の小型機に不慣れなこともあって、このあとフィレットの形状決定にはかなりてこずることとなった。

本来ならばルートストールに関係するフィレットの

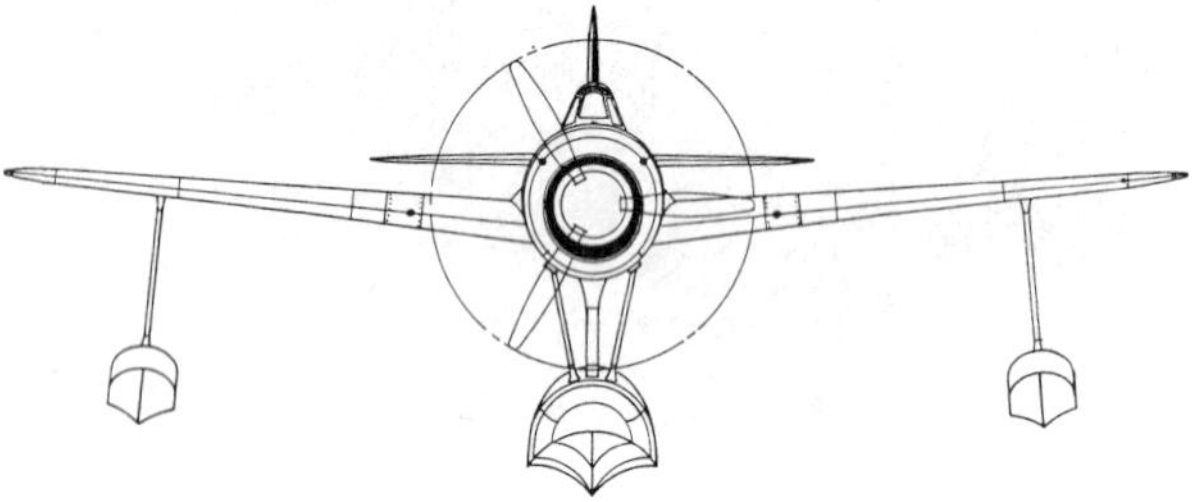

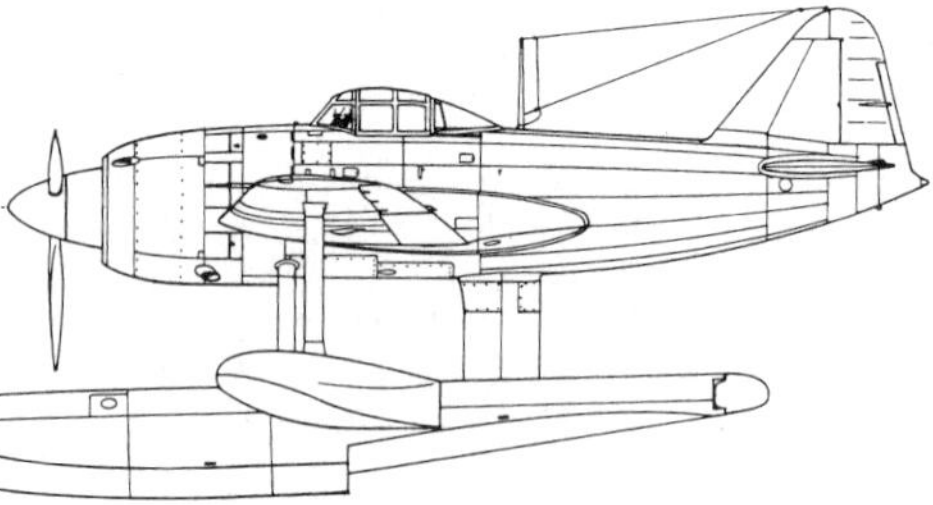

▼十五試水上戦闘機 NIKI：第１号機

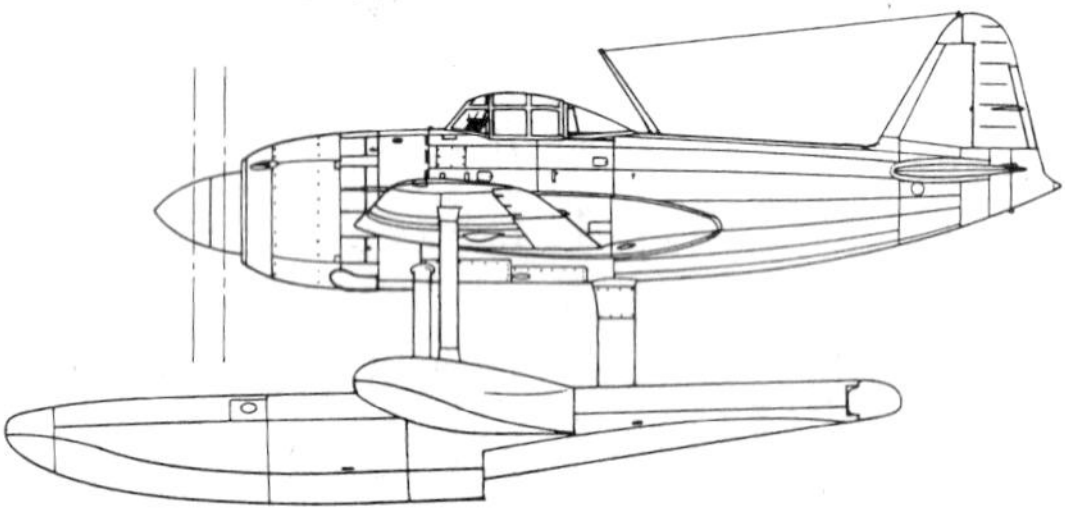

作図・渡部利久

第3図　「強風」一一型 N1K1

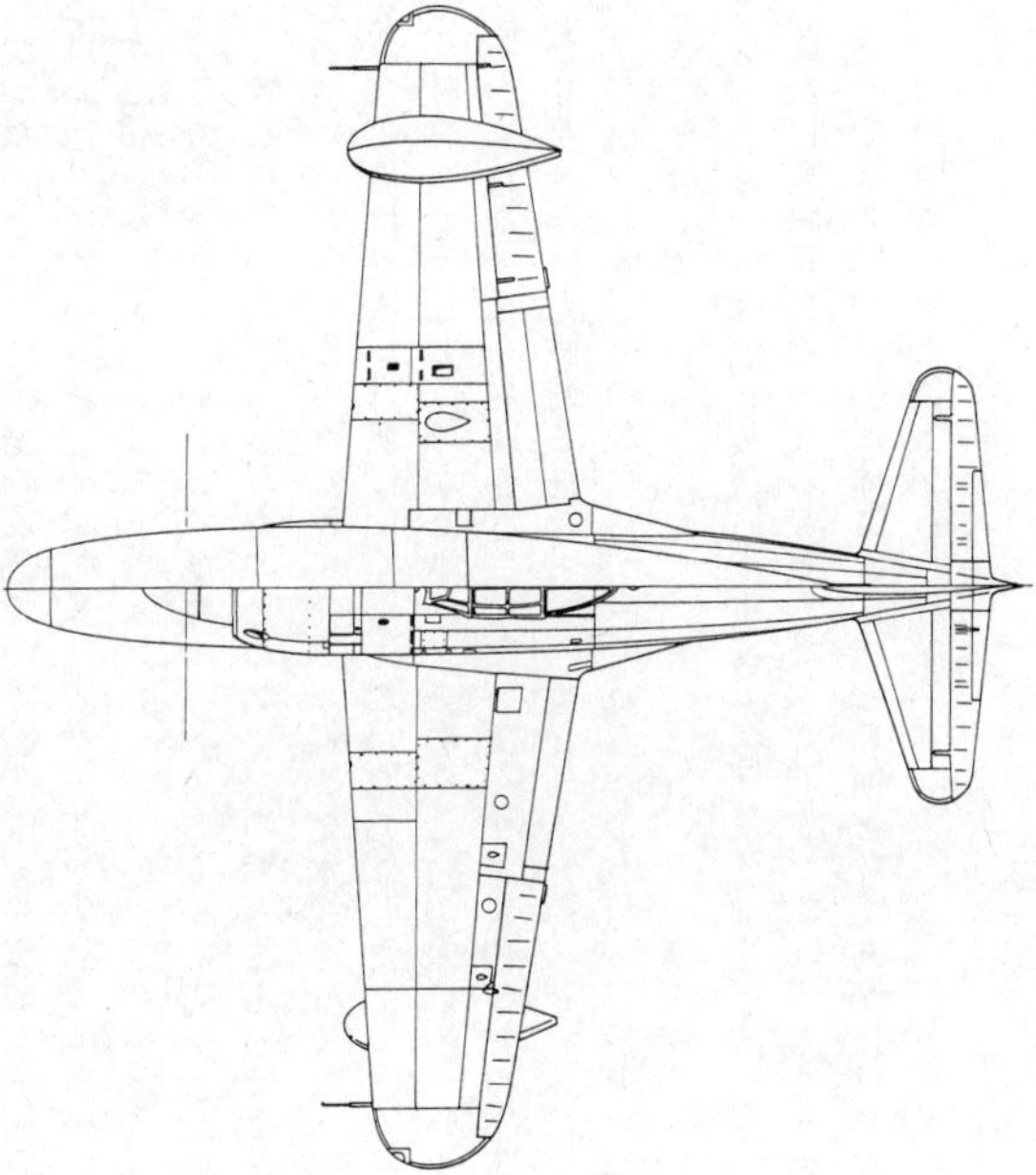

全幅：12m　全長：10.59m　自重：2,700kg　全備重量：3,500kg
エンジン：三菱「火星」一四型　空冷二重星型14気筒　1,460馬力(離昇)
プロペラ：定速三翅(直径3.1m)　最大速力：489km／時／高度5,700m
上昇力：4,000mまで4分11秒　実用上昇限度：10,560m　航続距離：1,060km
武装：20mm機銃×2　7.7mm機銃×2　爆弾30kg×2

形を決めるにあたっては、風洞実験を行なうことが望ましいが、川西にはそれがやれる実物風洞などなかった。といって小型の風洞での実験では、フィレットのような細かいところは効果のほどはわかりにくい。そこで、「ま、中翼だから小さくてもいいだろう」と、見当で決めてしまった。

初飛行で、この小さなフィレットのためルートストールで発生した乱流が尾翼の方向舵にわざわいして操縦桿にいたずらしたものとわかったので、こんどはすごく大きなものにしたところ、パイロットの足がかりがなくて乗りこむことができなくなってしまった。しかたがないのでそれまでとは逆に、外側にふくらんだかたちにした。

そのころ、乾燥バナナというのがあった。葉巻ぐらいの太さの、いってみればバナナのミイラで、物のあふれた今なら見向きもされないだろうが、甘いものや菓子に飢えていた当時は、子供ばかりか大人にも歓迎された。

「強風」のフィレットは、そのかたちが似ているところから、多少の揶揄《やゆ》をこめて〝乾燥バナナ〟とよばれた。

このフィレットは、ほぼ同じ胴体（中央部分だけだが）をつかった「紫電」にも受けつがれたが、低翼とし胴体断面のかたちも変えた「紫電改」では、ふつうのフィレットとなった。それでも三菱や中島の同型式の機体にくらべると何となくあか抜けしないところが、水上機メーカーだった川西らしいところかもしれない。

二重反転プロペラ

一号機のテストと並行して二号機以降の製作も進められていたが、二重反転機構のギヤボックスからの油もれや、振動に悩まされた一号機の経験から、二号機以降ではこれをやめ、エンジンも二重反転プロペラつきの火星一四型から、ふつうの一重の三枚ペラ用の火星一三型にかえた。

先行していた高速水偵「紫雲」は、そのまま二重反転プロペラを続行したが、当時は世界でもあまり実用化された実績はなかったようだ。

わが国では、陸軍の二式戦闘機「鍾馗」（キ四四）が試験的に取り付けたことがあるが、結局、ものにならなかった。もっとも二重反転プロペラは、機体屋の仕事というより、むしろエンジンやプロペラ技術者の苦労する分野ではあったが——。

コントラ（二重反転）ペラの採用は、もともと大馬力エンジン装備による強力なカウンタートルクと、プロペラ後流が尾部をたたくことによって機体が左にまわろうとする、もしくは左に傾こうとする傾向を、おさえるためだった。これは風洞試験によってわかっていたことなので、ふつうのプロペラにかえた二号機以降では左旋が懸念されたが、実際の機体ではそれほど強くあらわれなかった。

だが、左旋左傾の傾向がまったくなかったわけではなく、離着水とくに着水時のアプローチのむずかしさは、最後まで「強風」につきまとったようである。

この傾向は、おなじ胴体で、しかもより大出力エンジンを積んだ陸上戦闘機の「紫電」N1K1-Jにも受けつがれたが、「紫電改」N1K2-Jでは、胴体の設計を根本的にやり直し、方向舵を下まで伸ばして解決した。

胴体前方、肩口のあたりに七・七ミリ二、左右主翼に二十ミリ各一、合計四梃の機銃を装備した「強風」は、高度四千メートルで二百六十六ノット（毎時四百九十二キロ）の最高速度を記録し、当時としてはもっとも速い水上戦闘機となった。

余談だが、胴体の七・七ミリは空中戦闘のためではなく、もうひとつの目的である上陸作戦の際の敵地上軍にたいする攻撃に使うのが目的だった。

二式水戦との模擬空戦

「強風」は、乙訓飛行士につれなかった。

引きつづき完成した二号機も乙訓の手でテストされたが、あるとき着水の際に大波の衝撃で主フロートがプロペラの下で折れ、もんどり打って機体が転覆するという事故が起きた。

水中から浮き上がった乙訓は小舟に助けられたが、転覆時にうけた打撲がひどくて一ヵ月あまり入院してしまった。

「乙訓さんは非常な勉強家で、試作の研究段階から水槽、風洞、強度試験場などを毎日歩きまわり、翼の先から尾翼の端まで機体の構造を頭の中にたたき込んでいた。まことにりっぱな、尊敬すべき先輩だった」

同じ川西のテストパイロットで、入院した乙訓に代わって「強風」三号機以降のテストを担当した岡本大作飛行士（名古屋市千種区）はそう語っているが、乙訓はパイロット仲間だけでなく設計の人たちからも尊敬されていた。

担当が乙訓から若い岡本に代わってテストがつづけられた「強風」は、七月になって海軍に領収され、引きつづき空技廠飛行実験部の船田正少佐(渡辺と改姓、のち航空自衛隊空将)によってテストが行なわれた。

なにしろエンジンが大きいからスピードはあるし、旋回もきれいにまわる。二重反転プロペラのおかげで頭をふらないから、宙返り（垂直面の旋回）も申し分ない。

飛行機が通過したあとは、必ず気流が乱れているので、宙返りしてもとの位置にもどったときにガタガタと機体がゆれれば、正しい円をえがいてまわったことがわかる。飛行機に癖《くせ》があったり操縦技量がまずいと、上下、あるいは左右にずれてしまって、もとの軌跡をとおらない。こういうときは、機体がゆれないのだ。

実用テストとして、もっとも重要な項目のひとつである現用機との比較テストは、零戦から発達した中島の二式水戦を相手に行なわれたが、いちおうの結論が出たころ、強度試験場係長の清水三朗と設計連絡係の足立英三郎技師が横須賀航空隊に呼ばれた。

行ってみると、横空司令草鹿龍之介大佐じきじきの相談だった。

「今、君たちのところでつくった『強風』のテストをやっている。スピードはあって結構なのだが、もう少し小まわりをきくようにしたいから、自動的にはたらく空戦フラップをつくってくれないだろうか。

今から二式水戦との模擬空戦を見せるから、それで考えてみてくれ」

草鹿司令の命令で、さっそく二式水戦と「強風」が用意された。

水上機用のスベリの前に並んだ両機をくらべてみると、ほっそりした二式水戦にたいし、「強風」は胴体が太くていかにも精悍そうだ。離水して上昇する姿も力強く、〈やっぱり違うわい〉と清水も足立も頼もしく思ったが、空戦に入るといけなかった。二回もまわると二式水戦に後ろにつかれてしまうのが、下から見上げている目にもよくわかる。

このあと零戦や「雷電」との対戦も行なわれた。零戦にはもちろんかなわないが「雷電」とはほぼ互格だった。

「見たとおりで、零戦なみとはいわんが、少なくとも二式水戦と同等程度にはして欲しいのだが」

重ねて草鹿司令にそういわれ、検討することを約束して二人は帰社したが、じつは「強風」にはすでに原型の「空戦フラップ」はついていたものの、使いものにならなかったのである。

空戦フラップの採用

第一次大戦いらい、格闘戦に強い、ということが戦闘機にとってもっとも重要なポイントとされていた。格闘戦とは、イギリス流にいう〝ドッグ・ファイティング〟のことで、二匹の犬がからみ合って喧嘩《けんか》するのに似ているところから名付けられたものらしい。

わが国のパイロットたちは、小まわりがきく（＝空戦性能がいい）、という表現をしていたが、こうした性質は、機体を軽くして主翼面積を大きくし、さらにエンジン出力を大きくすれば得られる。だが、翼面積を充分なものにしようとすると、重量と空気抵抗がふえ、速度低下をともなう。だから小さな翼面積で、しかも充分な揚力がえられれば、これにこしたことはない。速度にかんしては、翼面積は小さい方がいいからだ。

小さな翼面積でいざというときに揚力をふやすことができれば、高速と運動性の両方が満たされるが、ここで思いつくのは、離着陸のときに揚力を増加させるために使われるフラップを、空戦時にも使うことだ。

飛行機が水平に直線飛行をしているときは、主翼に発生する揚力は、機体の重量にひとしく釣り合っていればよい。しかし、旋回や宙返りのような運動をするときには、飛行機の進路は曲線となる。自動車で急カーブをきるときと同様、このときには飛行機に遠心力がはたらくから、飛行機の重量のほかにこの遠心力を加えた分の大きさの揚力を主翼が生み出さないと、機体は沈んで、旋回進路の外側にふりとばされてしまうことになる。

つまり、重量の何倍かの力を、飛行機の主翼が受け持たなければならない、ということで、比較のために水平飛行の状態を一Gとよんでいる。

よくパイロットの話に「はげしいGがかかって」などというのがでてくるが、これは旋回や宙返りなどの曲線飛行の際に機体や乗員に大きな遠心力がはたらくことで、その大きさがそれぞれ機体の重量の何倍に相当するかによって、三Gとか五Gとかよばれる。

したがって、こうした飛行状態では水平飛行のときにくらべ、主翼は全重量の三倍とか五倍とかの揚力を出さなければ、きれいにまわることはできない。揚力をふやす一般的な手段としては、機体を引き起こして主翼の迎え角を大きくすればいい。しかし、あまり大きくすると失速してしまうから、これだけでは限界がある。

翼面荷重が大きくスピードも速い戦闘機に、良好な格闘性をあたえるための空戦フラップは、設計者にとってひとつの夢であった。

しかし、欧米の列強ではほとんどがこの問題を技術的に掘り下げることをさけて、〝高速、一撃離脱〟という別の空戦手段に逃げてしまっていた。

ところが、パイロットの気質から格闘戦をこのむわが国では、はじめに陸軍がこれを実用化した。中島飛行機の糸川英夫技師が考案したもので、二式単座戦闘機「鍾馗《しょうき》」に採用された。

このフラップは、操縦桿の上の押しボタンを押して、離陸時、空戦時、着陸時の三段階に、油圧によりフラップが下がるようにしたいわゆる蝶《ちょう》型フラップだった。

川西の技術者たちも、これにならって空戦時にフラップを二段階に出せるような装置を考えた。

基本原理は、物理屋で理論家の強度試験場係長清水三朗が考え、清水は設計の仲精吾、田中賀之の二人に、それぞれ速度計の改造と制御装置用電磁石の設計を頼んだ。

当時、社内の規律がやかましくて、設計室は休憩時間以外は禁煙だったが、強度試験場はいつでも自由に吸うことができた。そこで設計の辛抱できない者は、何かと用事にかこつけてはやって来て吸っていたが、そんなことから設計課電気係の二人が清水の目にとまったのだ。

「どや、おもろいもんがあるからやってみんか」

そういって二人に、清水は自分のアイデアを話し、協力を依頼した。

「たしかにおもしろそうですな。やってみましょう」

これでいよいよ大っぴらにタバコを吸いに来ることができるとあって、もとより二人に異

水上戦闘機「強風」一一型。画期的高性能機として期待された本機は、稼動率の低さと戦況の変化から活躍の場が少なかったが、その優れた素質は「紫電」「紫電改」にひきつがれた。

存はなかった。

すでに大戦争がはじまり、第一線からの戦訓がぞくぞく寄せられていたが、零戦の大活躍などから空戦性能の向上に対する要求がたかまり、試作中の「強風」にもそれをつけなければならなくなっていたのだ。

さいわい原型の二段式空戦フラップは「強風」試作機に間に合ったが、二式水戦にはどうしても勝てない。二式水戦は翼面荷重（主翼面積にたいする機体重量の割合）が小さいので、小さい旋回でも失速せずになめらかにまわる。翼面荷重が大きい「強風」は、フラップを使って無理に追いつこうとした。しかし、旋回時の飛行機の速度やGは時々刻々かわるのに、フラップは二段階にしかかわらないからどうしても抵抗がふえ、その分だけ沈みが大きくなるので旋回するにつれて高度差がつき、運動性のいい二式水戦は、たちまち切り返して「強風」のうしろにピタリついてしまう。なにしろ相手は、もとは名にし負う零戦である。だから、格闘戦で二式水戦に勝つというのは零戦に勝つのと同じで、これは容易なことではない。

清水は風洞試験で得られた沢山のフラップ角度別の

C_L（揚力係数）―C_D（抗力係数）曲線群を検討して、二段階のフラップ角度変更では、必要以上にフラップが下げすぎになって抵抗を大きくしているのに気づいた。

このC_L―C_D曲線群の包絡線をたどるよう、飛行状態に応じた適切なフラップ角を自動的にとれるようにすれば、もっとも抵抗の少ない空戦フラップができ、空戦性能の向上が期待される。簡単にいえばこういうことだが、その開発はこれまで世界になかったものだけに容易ではなかった。

自動空戦フラップは、その後も清水らの手によって開発がつづけられ、昭和十八年五月に最初の試作品が完成し、「強風」に装備されて空中実験に入った。

「強風」は、いってみれば自動空戦フラップの実験機の役をはたし、つぎの「紫電」「紫電改」にその成果が生かされることになったのであるが、自動空戦フラップの完成にいたる経緯については後述する。

適切な操舵感覚を生む新機軸

自動空戦フラップと並んで「強風」に採用された新機軸の一つに、操縦系統の「腕比変更装置」があった。

太平洋戦争に活躍した日本軍用機の中で、もっとも多く生産され、全期間にわたって航空作戦の主役を演じた零戦の最大の特徴は、長大な航続力とともに、すぐれた空戦性能にあった。

さらに、この空戦性能の良さとともに、零戦パイロットたちが一様に指摘したのは、彼ら

第4図　腕比変更装置によるラダーペダルの使用量比較

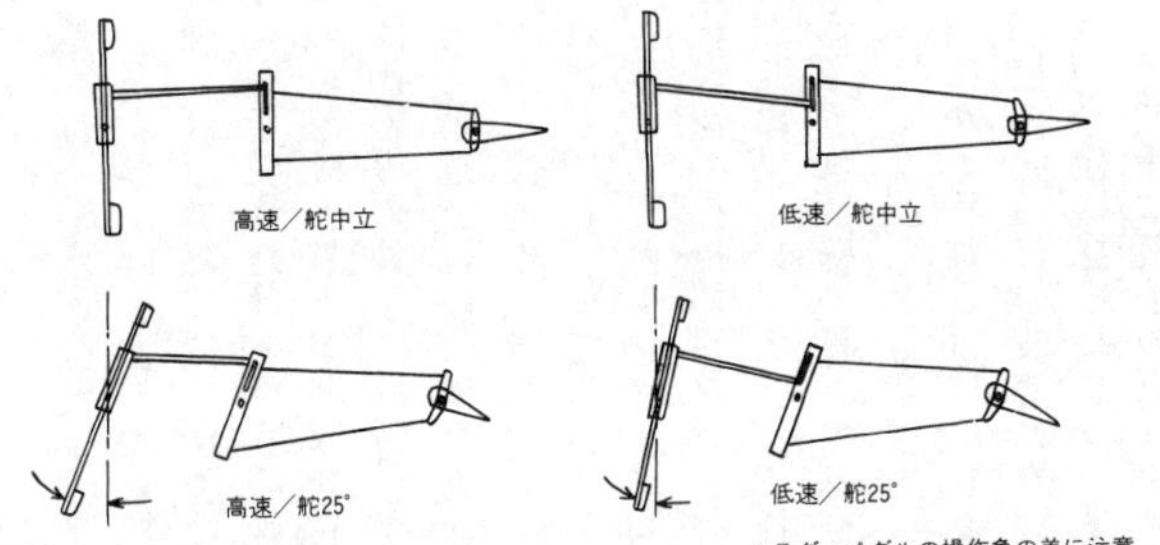
＊ラダーペダルの操作角の差に注意

の操縦感覚にピタリとくる舵の手ごたえだった。これは単に空力設計の良さばかりでなく、操縦系統の剛性を低いものとし、力の大きさに応じた操縦索の伸びを利用して、あらゆるスピードにおける操縦感覚と舵の効きを対応させるようにした、独特のアイデアによって得られたものである。

飛行機が高速で飛ぶときは、当然、舵が重くなるとともに、少しの動きにたいしてもよく効き、反対に低速では手ごたえが少なく、舵が軽くなり、効きも悪くなることは、容易に理解できよう。

別ないい方をすれば、機体の姿勢をかえようとするとき、高速のときは舵の動きは少しでよく、低速では大きく動かさなければならない。

一方、パイロットの側からすれば、高速だろうと低速だろうと、同じ姿勢変化にたいしては、似たような手ごたえと操縦桿の動きであることがのぞましい。

低速での舵の効きを重視すれば、高速では舵が重すぎ、高速で手ごろな効きをあたえようとすると、低速ではスカスカのさっぱり効かない舵となってしまう。この傾向は、離着陸速度と最高速度との比が大きくなればなるほど強くなる。

「強風」は、着水速度五十五ノット、最高速度二百五十ノット、これだけ大きなスピード範囲で、まんべんなくよく効く舵などあるわけがない。

零戦では、操縦装置に特別な機構を加えることなしに、操縦索に単に従来のものより細いワイヤーを使うだけという巧妙なアイデアによって、それを解決した。

この装置によると、高速で舵にはたらく力が大きいときは、途中のワイヤーが伸びるので、舵角は操縦桿の動きにたいして小さくなり、効きすぎを防止する。

一方、低速では舵にはたらく力が弱いから、ワイヤーの伸びは小さく、同じ操縦装置の動きにたいして舵が大きく動いて、効きをたもつことができる、というものだった。

これにたいし、何でも自分たちでやらなければ気のすまない川西の設計グループが考えたのは、きわめてオーソドックスな方法だった。

操縦装置の操縦桿《ステイック》やフットバーから、補助翼《エルロン》、方向舵《ラダー》、昇降舵《エレベーター》などの舵面との間には、軸のまわりに動くレバーと、これにつながるワイヤーやロッドがいくつかある。この連結位置をかえてやれば腕の長さの割合がかわるので、操縦装置の動きと舵の効きの関係もかわる。

「強風」「紫電」と「紫電改」では、小さな油圧管を使って、この連結位置を離着陸と空中の二段にかえられるようにした。

離着陸のときは、支点にたいする腕の長さの割合を、操縦装置側が小さくなるようにしてやれば、一定の操縦桿やフットバーの動きにたいして舵は大きく動くので、充分な効きがえられる。同時に梃子《てこ》の原理で操縦桿などの手ごたえも適当に重くなり、操縦桿は軽く動くが、いくら動かしても舵がいっこうに効かない、といったことはなくなる。高速で飛ぶ状態では、この逆にすれば、同じ操縦桿の動きにたいする舵角が小さくなり、舵の効きすぎや、重すぎる、といったことがなくなる。

この装置は「腕比変更装置」とよばれ、試験飛行のときは昇降舵、補助翼および方向舵の三舵につけたが、のちに方向舵にはその必要がないことがわかったので、昇降舵と補助翼だけに採用することになった。この装置によって、離着陸と高速時の舵にたいするちがった要求を、ほぼ全面的に満足させることができた。

「強風」が生んだ陸上戦闘機

川西航空機の決断

「強風」の試作が進行中であった昭和十六年十二月はじめ、日本は大規模な軍事行動によってアメリカ、イギリスおよびオランダにたいする戦争を開始し、全面的な世界戦争に突入した。

十二月八日の早朝、南雲中将の指揮する機動部隊が、二回にわたってハワイにたいする空中攻撃を加えたのを皮切りに、陸海軍航空部隊によるフィリピン空襲、そして陸軍大部隊のマレー半島上陸と、矢つぎばやの作戦行動は世界を震撼《しんかん》させた。

ABCDラインとよばれた、日本にたいする経済封鎖網をいっきょに突き破って、南へ南へと急速に伸びる日本軍のスピードは、それまで国民の胸の中にわだかまっていた鬱憤《うっぷん》をいっきにはらすものがあり、戦争を肯定する者も否定する者も、信じられないような勝ち戦さの快感にしばし酔いしれた。

そんな十二月のある日、川西の本社では川西龍三社長、前原謙治副社長、それに橋口義男航空機部長と菊原静男技師の四人が集まり、戦局の検討とこれに対応して、つぎにどんな飛行機をつくるべきか、について真剣な討議を行なった。

今後の戦局の展開に応じて、もっとも有効な機種は何か、について意見は三つにわかれた。社長、副社長は艦上攻撃機をつくろうといい、橋口は二式大艇を陸上機に改造した大型爆撃機案を主張したが、菊原は別の考えをもっていた。

すなわち、それまでの戦局の推移から考え、強行中の「強風」が、はじめに海軍が考えていたような使い方はできない、とみた。船団上空の防空は、陸上基地から発進したあしの長い陸軍の「隼」や海軍の零戦などがりっぱにやってのけ、上陸作戦に先だって行なわれた敵航空基地にたいする先制攻撃によって、上陸部隊はほとんど敵機の妨害をうけることなしに作戦を遂行することができたから、たとえ「強風」の試作が成功したとしても、その活躍の舞台はきわめて限られるだろう。

問題は上陸作戦の掩護ではなく、むしろ、それから先の広大な占領地域を確保するための制空権の確保にある。それならば、陸上戦闘機をつくるのがいいし、数もたくさん出るから会社の経営上にもプラスになる。さいわい水戦の「強風」の試作が進行中だから、これを陸上機に改造すれば仕事もはやい、というのが菊原の主張だった。

結局、いちばん若い菊原の案が採用され、会社の方針は決まった。

問題は、これをどう海軍に認めてもらうかだった。もちろん、元海軍中将で海軍航空廠(のちの航空技術廠)長の経歴もある前原副社長から海軍の上の方に話をしてもらう手もあるが、川西は飛行艇や水上機の実績はあるものの戦闘機については経験がなかったから、それが成功するとは限らない。

さいわい、水上機ではあったがすでに「強風」の試作が進行中であり、これを足かがりに陸上戦闘機案を売りこめば、「飛行艇の川西が」といった海軍側の先入観念をくずすことができるかもしれない、と菊原はふんだ。

設計者たちの夢

威勢のいい戦勝気分に明けた昭和十七年の正月、菊原は芦屋の自宅に馬場敏治、小原正三、井上博之、徳田晃一ら設計の若手技師たちを呼んだ。というより、菊原の家に自然と集まったといった方がいいかもしれない。

菊原の妻は、同志社女子専門学校の英文科を出た才媛だったが、子供がなかったせいか人を呼ぶのが好きだったから、若い独身の技師たちにとっては居心地のいい家だった。

正月とあればもちろん酒、酔うほどにはずんだ会話が飛びかったが、仕事熱心で飛行機好きの彼らの話題はおのずとそれに集中した。

ころ合いを見て菊原は、陸上戦闘機を自主開発する会社の決定を彼らに打ち明けた。

「そいつはすばらしい。ぜひやりましょう」

「で、どんな機体がいいですかな?」

目を輝かせる若い設計者たちに、菊原はいった。

「これはウチが海軍に売り込むものだから、できるだけ早く戦力化できる案でなければならない。それには、いま試作が進んでいる『強風』を、陸上戦闘機になおすのが一番の近道だと思うのだが……」

それからは打ちとけた酒の席が、にわかに設計室での打ち合わせのような真剣な場に変わった。

すぐに紙がひろげられ、誰かが「強風」の絵を描いた。そのフロートを取り、車輪をつけて三点姿勢にしてみた。主翼下面に主車輪が収まるようにすること、三点姿勢の際の角度が大きくならないよう胴体尾部を下方に少し伸ばすこと、など比較的小改造で陸上戦闘機になる。

空気抵抗の大きいフロートがなくなり、そのぶん機体重量も軽くなるので、簡単な推算によってもかなりの性能向上はまちがいない。

設計者たちは夜の更《ふ》けるのも忘れて夢を語り合ったが、その成果をふまえて菊原は正月三ヵ日の休みが終わると、さっそく上京した。

海軍航空技術を取り仕切る東京霞ヶ関の海軍航空本部をおとずれるのが目的だったが、急いだので、説明のための基礎資料や書類などをつくるひまはなく、いわば〝無手勝流〟のぶっつけ本番で、航空本部技術部長の多田力三少将に会った。菊原は戦局にたいする自分の見とおしをのべ、それには陸上基地専門の防空戦闘機が必要であり、もし航本が命令を出してくれるなら、川西は全面的にこのプロジェクトに取り組む用意があることを力説した。

とくに資料がないまま、菊原は紙に「強風」の絵を描き、具体的な改造プランを説明したところ、多田少将はその場で、「よろしい、すぐやりなさい」と即決してくれた。しかも、エンジンや機銃関係の大佐クラスの人をよび、エンジンはこんなもの、機関銃はこれがいいのではないか、といった具体的なアドバイスもあたえてくれた。

あまりにもあっけなく提案がうけいれられたので、菊原は拍子ぬけするほどだったが、同時に大きな責任感と新しい仕事にたちむかう野望に心がおどった。

「紫電」開発のスタート

九七大艇いらい、川西航空機の設計陣を率いた菊原静男技師。

帰社して社長にてん末を報告、すぐに新戦闘機の開発がスタートした。

社内名称はX－1、正式には仮称一号局地戦闘機とよばれることになった。が、海軍の正式な試作計画にもとづく機体ではないので、先の「紫雲」や「強風」のような十四試、十五試、といった名称はあたえられなかった。

愛称は、基地や要地上空の防衛を任務とする乙戦（海軍の用途別戦闘機区分で、零戦のような艦上戦闘機は甲戦）であるところから、のちに三菱の十四試局地戦闘機「雷電」や十七試局地戦闘機「閃電」などと同じ「電」のつく「紫電」があたえられ、機種記号はN1K1－J、すなわちべースになった水上戦闘機「強風」の記号のうしろに陸上戦闘機であることを示す「J」をつけ加えたものとなった。

こうしてまだ試作機すら完成していない水戦「強風」をだしに、まんまと陸上戦闘機開発の仕事をせしめた川西では、菊原の指示で設計課内の基礎計画グループがまず動き出した。

性能・空水力担当の井上の計算によると、「強風」の最高速度はほぼ二百七十ノット（時速約五百キロメートル）となるはずだったから、フロートがないぶん空気抵抗が減り、さらにエンジンを千四百六十馬力の「火星」から新鋭の十八気筒千八百馬力の「誉《ほまれ》」にかえれば、最高速度はいっきょに三百五十ノット（時速約六百五十キロメートル）に向上するとみこまれた。

開発日程をできるだけ短縮するため、改造をエンジンの換装およびフロートを引込式車輪にかえることの二点にしぼって設計がすすめられた。

「強風」の三菱「火星」エンジンと「紫電」に予定された中島「誉」エンジンは、主な寸法をくらべてみると、

	「火星」	「誉」
全長	一七〇五ミリ	一七八五ミリ
直径	一三四〇ミリ	一一八〇ミリ
重量	七二五キロ	八三〇キロ

となっており、出力が二十三パーセント以上も大きいにもかかわらず、全長と重量がわずかに上まわるだけで、逆に空気抵抗に関係する直径は百六十ミリも小さくなっている。

本来ならば胴体もそれに合わせて再設計すればいいのだが、できるだけ「強風」の原設計を生かすというたてまえから、直径が小さいという「誉」エンジンの利点をフルに生かすことは見送らなければならなかった。

陸上機への設計変更

陸上機とするためには脚と車輪をつけなければならないが、「強風」の胴体のままでは三点姿勢で機首が高くなりすぎる。そこで尾部下面にふくらみをつけたので三点姿勢はゆるやかになったものの、砲弾型のスマートな「強風」の胴体から一転してずんぐりしたかたちに変わった。

「強風」で計画されていた二重反転プロペラをやめ、プロペラ・スピンナーが小さくなったことも、いっそうその感を深くした。

「どうも、あまりスマートじゃないね」

「戦闘機だもの。かえってたくましく見えていいじゃないの」

設計のもとになるレイアウト図を囲みながらそんな会話がかわされたが、できるだけ「強風」の原設計を生かすというたてまえにもかかわらず、結果的に胴体は、風防および一番肋骨から八番肋骨までの操縦席付近をのぞき大幅な設計変更になってしまった。

〝急がばまわれだった〟という思いが、つぎの「紫電改」で胴体の設計を一新することにつながるが、主翼の構造変更も決して小さくはなかった。

翼端フロートを取り去る変更はたいしたことはないが、主フロートをやめて新しく引込脚機構およびその収納スペースを設けるのは大仕事だった。

水上機ばかりやってきた川西にとって、陸上機の引込脚が初の経験だったこともあるが、水上機として有利だからと採用された中翼形式が、思わぬわざわいをもたらしたのである。「強風」は水上滑走中に主翼が波しぶきで叩かれるのを避けるため、海面からできるだけ遠ざけようという意図から中翼にしたものだが、このことは陸上機にした場合、地面から主翼までの間隔を大きくし、脚柱が長くなることを意味する。

中翼機の脚引き込みにはどこでも苦労していたが、アメリカにはいぜんから独自のものが見られ、グラマンF4F「ワイルドキャット」から前の艦上戦闘機やカーチスの複葉急降下爆撃機、それにブリュースター「バッファロー」戦闘機などが胴体内に車輪を引き込む方式をとっていた。

この方式はメカニズムがかなり複雑になるうえ車輪間隔がひろくとれないので、速度のおそい旧式戦闘機ならともかく、「紫電」のような高速の、しかも着陸地の条件が悪いことも考慮にいれなければならない陸上戦闘機には向かない。

もうひとつの方法は、思い切って車輪間隔をひろくとり、長い脚を収容するのに充分なスペースを確保することだ。

この方法は、空技廠で設計した二式高速偵察機「彗星」(のちに艦上爆撃機になった)にみられるように、脚の取付位置が主翼のかなり外方になる。

だが、すべて新しく設計するならともかく、すでにある「強風」の主翼構造を、ほぼそのまま流用する、という制約があるのでこれも適当でない。

第5図 「紫電」の脚機構

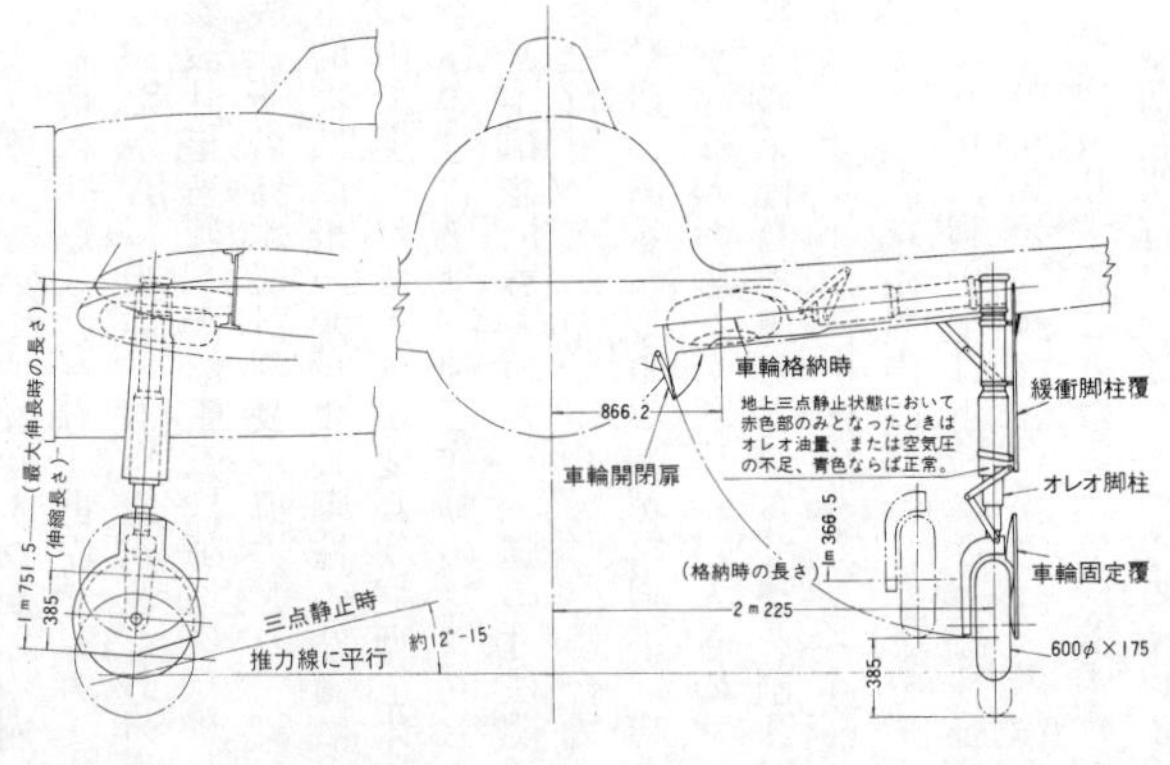

なぜなら「強風」は主翼に二十ミリ機銃を積んでおり、脚取り付けのためにこの位置を変更するとなると、主翼の大幅な設計変更をしなければならない。とてもそんな時間の余裕もなければ、スペースもない。

大胆な伸縮式引込脚

一方では胴体をあまりいじれないという制約、もう一方では機銃の位置を動かせないという制約から、脚の収納位置は、おのずと決まってしまう。しかも、増大したエンジンのパワーを吸収するために「強風」よりプロペラ直径がふえ、脚はますます長くなりそうである。では限られたスペースに長い脚をおさめるにはどうするか。

脚を引き込める際、脚柱を縮めたらよい……という当然の帰結となったものの、着陸時に大きな衝撃をうける脚柱を伸縮させせたり、確実にロックさせたりすることが果たしてできるだろうか？

そんな不安がないでもなかったが、不屈の〝川西魂〟が、ここでも独自の考案による脚機構にふみ切らせた。しかも、世界でもあまり例がない、伸縮式の脚支柱構造をこころみようというのだから、大胆とも無鉄砲ともいいようがない。

脚の設計担当は、大沼康二技師（のち新明和工業株式会社航空機製作所技術本部長）、これに萱場製作所の鈴木設計課長が協力した。

基本的には従来のオレオ式脚柱の外側にもうひとつの筒、すなわち外筒があり、脚柱本体がこの中で上下して長さが変わり、脚全体の上げ下げは、外筒によって行なわれる。外筒と脚柱本体のロックは、油圧作動のフックおよびボールによって行なうというものである。

この基本構想にもとづき、主脚の寸法関係が検討された。水平姿勢時でオレオ式の脚柱にもっとも荷重がかかって短くなった場合でも、プロペラ先端と地面とのすき間は最低二十センチは必要である。このことから脚下げ時の脚柱の長さは、自動的に決まってしまう。また、脚上げ、すなわち脚を引き込んだときの寸法も主翼の構造的な制約から決まる。

これらの条件を考慮しながら寸法を割りだしてみると、脚柱の回転中心から車輪中心までの寸法は、オレオが最大に伸びきった状態、すなわち車輪が接地しないときで千七百五十一・五ミリ、脚を主翼内に格納したときで千三百六十六・五ミリとなるので、差し引き三百八十五ミリが、脚の上げ下げにともなう長さの変化量となる。

ふつうのオレオ式脚柱というのは、内筒と外筒の間にオイルがはいっていて、これが荷重に応じて出入りすることによって、着陸時などの衝撃をやわらげるようになっている。

ところが「紫電」のは、ふつうのオレオ式脚柱とその外側の外筒との間に、もうひとつ油圧筒がはいっており、これはショックをやわらげるためではなく、脚柱本体を押し下げて脚柱全体の長さを伸ばす作用をする。

したがって着陸時には完全にロックされ、オレオ式脚柱の外筒と一体に作用するものでなければならない。

川西の大沼、萱場の鈴木技師らが中心になって、このむずかしい脚の設計に取り組み、いったん脚を短くしてから引き込むという、画期的な、見方によっては冒険ともいえる二段式引込脚を完成した。

と、まあこう書いてみれば簡単なようだが、実際には脚柱のロックがはずれなかったり、脚柱が完全に伸びきらなかったり、あるいは伸びたときの、外筒とオレオ脚柱のボールによるロックが不完全なために接地と同時に脚柱が縮むなど、脚にまつわるトラブル続出は、のちに部隊配備となってからパイロットや整備員たちを悩ませたばかりでなく、装備エンジンである「誉」の不調とともに、「紫電」の最大の泣きどころとなった。

脚が完全に伸びきらないとプロペラ先端が地面をかじることになり、機体がまわされたり、もんどり打って地面に叩きつけられることになる。

ただでさえ大戦末期の日本機は脚の故障が多かったが、これに二段式の脚が完全に伸びきらないという故障が加わって、故障率は倍増し、着陸時の「紫電」はパイロットたちにとって気の抜けない危険な飛行機だったようだ。

すでに飛びはじめた「強風」試作機の様子を横目で見ながら、「紫電」の設計は早いペースで進められた。

強靭な機体と重武装

バカ孔を排した設計思想

二千馬力のエンジンと、一千馬力のエンジンとでは、パワーが倍もちがうから、機体に加わる力もずっと大きなものとなるので、機体の構造も、より頑丈なものにしなければならない。第1表を見てもわかるように、一千馬力級の「隼」や零戦と、二千馬力級の「疾風《はやて》」や「紫電」とでは、機体の大きさはそれほどちがわないにもかかわらず、自重は六割がたふえている。

もちろん、装備品や防弾装備などが強化されたことにもよるが、機体の構造重量が大幅にふえたことは事実である。

おなじ海軍の零戦（A6M5）と「紫電」をくらべてみると、エンジンの重量差は、

830kg（誉）－590kg（栄）＝240kg

飛行機全体の重量差は、

2897kg－1876kg＝1021kg

したがって、

1021kg－240kg＝781kg

これがすべてではないにしても、この数字から機体の構造重量がかなりふえていることがわかる。

第１表　戦闘機要目比較

	キ-43III隼	A6M5零戦	キ-84疾風	紫　電	グラマンF6F-3
最大出力HP	1,130	1,130	2,000	2,000	2,000
全　幅　m	11.44	11.00	11.24	12.00	13.06
全　長　m	8.92	9.12	9.92	8.89	10.24
翼面積 m²	22.00	21.30	21.00	23.50	31.03
機体重量kg	1,975	1,876	2,660	2,897	4,101
全備重量kg	2,642	2,733	3,613	3,900	5,163

筆者は戦後になって南方から回収された零戦の機体を何度か見る機会があったが、軽くつくる努力のあと、ひどく〝きゃしゃ〟に見える構造は、正直いって想像以上であった。

機体を構成するジュラルミンの板厚の薄さはもちろんだが、胴体の円框の細いわずかな部分にまで重量軽減のための小さな孔があけられているのだ。この程度の孔をあけて節約できる重量など知れたもので、めんどうな手間をかけるだけつまらないではないか、と思われるほどだが、これは設計にあたっては重量軽減を第一とし、すべてに優先させるという、零戦の主任設計者堀越二郎技師の設計方針にもとづくものだった。

現代の言葉でいうグロース・ファクター、すなわち重量成長係数であるが、それを堀越はいろいろな計算の末に見いだした。

飛行機で不用意に一キロの重量がふえたと仮定すると、その重量を支えるために、ほぼおなじくらいの重量増加が起こり、当然のことながら翼面荷重がふえる。そこで翼面荷重をおなじ値におさえるためには翼面積をふやし、その分だけさらに何百グラムかの重量がふえるから、一キロの重量増加が、最終的には二・五キロにもなってしまう。

このほかにも飛行機をつくるのに必要な材料や手間がふえ、制作費も上がる。

だから、重量軽減には細心の注意をはらい、たとえ工数がふえても重量軽減を最優先とし、数グラムといえどもへらすようにする、というものだ。工数の増加は、重量をへらすことによってえられる性能向上が大きければ、結果的には安くつくとも考えられる。

これにたいし、川西の考え方は少しちがっていた。彼らは、小さな重量軽減孔などあけたところで、たいして重量はへらない。それより実戦に一刻もはやく間に合わせるため、工数がへるような構造にすることがのぞましい、と考えた。重量軽減孔のことを設計者たちは、〝バカ孔〟とよんでいたが、彼らは「バカ孔はバカのやること」をモットーに、構造の合理化と工数低減に重点をおいた。

このような設計方針のちがいは、単に設計者の考え方だけでなく、その飛行機が設計された時点の客観情勢にもおおいに関係がある。

零戦と「紫電」をくらべるには、むしろその前身である「強風」について考えるほうが適切である。なぜなら、「紫電」は基本的には「強風」の設計そのものを受けついでいるからだ。

零戦は十二試艦上戦闘機の呼称が示すように、太平洋戦争のはじまる四年も前にスタートしたものだが、「強風」は開戦の前年、すなわち十五試として設計が開始され、すでに南方作戦が予想されるかなり緊迫した状況下にあった。それに、三菱が九六艦戦やそれ以前の試作で、戦闘機設計に充分な経験があったのにたいし、川西にとってははじめての戦闘機であったことも、新しい設計思想を容易にした。

また、たとえばおなじ百キロの重量増加にたいしても、一千馬力エンジンを積んだ零戦にくらべて、より大きなエンジンを積んだ「強風」のほうが影響が少ないから、そう神経質になる必要はない。軍の要求する性能も、零戦は爆撃機を掩護するため大きな航続力を必要としたが、局地戦闘機である「強風」は、その点でも楽であった。

〝バカ孔〟の分を全部とりもどすことは無理だが、設計のやり方によってある程度、重量増加分をカバーすることはできる。こうした設計思想は、当然のことながら「強風」の陸上機版ともいうべき「紫電」にも受けつがれた。とはいうものの、重量に対するシビアな姿勢が決して失われていないことは、「紫電」が同じ二千馬力クラスのグラマン「ヘルキャット」より一トン以上も軽かったことからもうかがえる。

すぐれた主翼構造

零戦は、無駄な贅肉《ぜいにく》のない、軽い戦闘機だった。反面、強度上の余裕が少なく、急激な飛行運動をすると主翼の表面に皺《しわ》がよったり、空中分解をするおそれがあったので、急降下速度を制限するなどの措置がとられた。

まだ十二試艦戦とよばれていた試作機時代もふくめ、空中分解事故によってテスト・パイロットが二人も殉職《じゅんしょく》しているが、これは補助翼《エルロン》のマスバランスに関係して起きたフラッター（機体の振動）が原因だった。しかし、このほかにも主翼の桁の結合部がこわれるというような危ないことが、初期のころにはあったようだ。

零戦は住友金属が開発した超々ジュラルミンESDをはじめて使った機体だが、この材料は軽くて強いかわりに、亜鉛の含有量が多いためにもろいことが欠点で、左右の主翼を結合する、中央の金具のボルト孔のところから材料の疲労でこわれることは、空技廠のテストでわかっていた。

「紫電」にもESDが使われたが、この部分については、設計のはじめからサンプルをつくって、何万回となくテストし、板の厚みやボルト孔の大きさなどを決めるようにした。

主翼の構造設計で、もっとも大きな要素である桁《けた》をどうするかは、いろいろな議論があったが、結局、主桁を一本にすることにした。

モノスパー（一本桁）構造にはさまざまな利点が考えられた。当時、愛知航空機が輸入したハインケルの急降下爆撃機が、やはりモノスパーだったが、主翼内に機銃を装備したり燃料タンクを格納したりするのに邪魔ものが少なくて好都合だった。この点、三本桁を採用した陸軍の一式戦「隼」は、とうとう最後まで翼内に機銃を装備することができなかった。零戦は最初から二十ミリ機銃を装備する予定だったから、適当な間隔の二本桁だった。

「強風」がモノスパーにふみきったのは、これによって高価なESDの使用を少しでも節約できる狙いもあった。これはまた主翼の取付角が翼端で小さくなるよう変化する、いわゆる〝ねじり下げ〟をつけるのにも都合がよかった。

ねじり下げは、大迎え角飛行時の翼端失速を防ぐ目的で、わが国では零戦の前の九六式艦上戦闘機あたりから使われはじめたが、零戦のがサインカーブを描いているのにたいし、「強風」ではフラップおよびエルロンの蝶番《ちょうつがい》中心線がそれぞれ直線で、フラップの外側で上反角が変わっているようにみえるつけかたにした。

主桁のほかに、フラップや補助翼を取り付けるための、補助桁ともいうべきものを設け、これと主桁を結んだ一体の箱型断面として作用するようにした。

主桁は、翼弦の三十パーセントの位置に、胴体中心線にたいして直角、すなわち左右両翼の桁が一直線になるようにおいたから、その割合で前縁部のテーパーがゆるく、後縁部のテーパーがややきついという、もっとも一般的な主翼平面形となった。

主桁の位置を、付け根から翼端まで、翼弦にたいして同じ割合にすることは、計算上らくだし、桁の表面の角度も、ほぼ一定になるから工作上も有利なので、多くの飛行機がこの方法を採用している。だが、中島飛行機の伝統である、主翼前縁を一直線とする平面形でこれをやると、主桁には前進角がつくこととなり、左右一直線でなくなるから中央の結合部がやや面倒になる。

なぜ中島が主翼前縁を一直線にしたかについて、くわしい説明は省略するが、ひと口にいえば〝ねじり下げ〟と同様、大迎え角、すなわち空戦時のはげしい引き起こしや、着陸時の翼端失速を防ぐのが目的だった。

主翼の平面形をどうするか、桁をどの位置にもっていき、どういう構造にするかは、空気力学と構造の両方を考慮しながら設計者が決めるものだが、当時の川西の設計者たちは、もうひとつ別の仕事をやらなければならなかった。

というのは、桁のフランジ材はT型をしているが、根元から先端までおなじ断面ではなく、テーパーしており、しかも主翼に〝ねじり下げ〟をつけるため、途中から表面の傾きを変えなければならない。ねじり下げは、主桁を中心にしてつけられていたからである。

フランジ材は、鉄道レールなどと同様、おなじ断面の長尺の材料としてつくられているので、これを必要な長さに切って、根元から先端にいたるまで、決められた寸法となるようテーパー状に削り出さなければならない。

零戦の主桁は、翼（片翼）の中間ぐらいのところでつないであるが、川西では結合部は胴体中心だけとし、片側主翼については、つなぎ目のない一本ものとした。六メートル近い長さの細長い桁フランジ材を、テーパー状に削るための精巧な工作機械を、独創力の旺盛な川西の技術者たちは自力でつくり上げた。

桁フライスとよばれるこの工作機械は合計三十六台もつくられ、のちに「紫電」「紫電改」の急速大量生産に大いに威力を発揮した。戦後、武器生産に使える危険な機械ということで、占領軍によって戦犯なみに破壊を命じられたが、奇蹟的にたった一台だけのこった。

この一台は、日本飛行機の杉田工場に移され、戦後、新明和工業が開発した高性能飛行艇PS－1やUS－1の桁を削るのに使われた。

このことから、総合力やバランスのとれた技術水準という点では欧米諸国に一歩をゆずったが、個々にみれば日本の技術力の中にも、かなりすぐれたものがあったのを知ることができよう。

重量と武装のせめぎ合い

主桁は左右が中央で結合されるが、ここは飛行機の機体構造の中でもっとも苛酷な力のか

第6図　主翼と前部胴体の結合要領

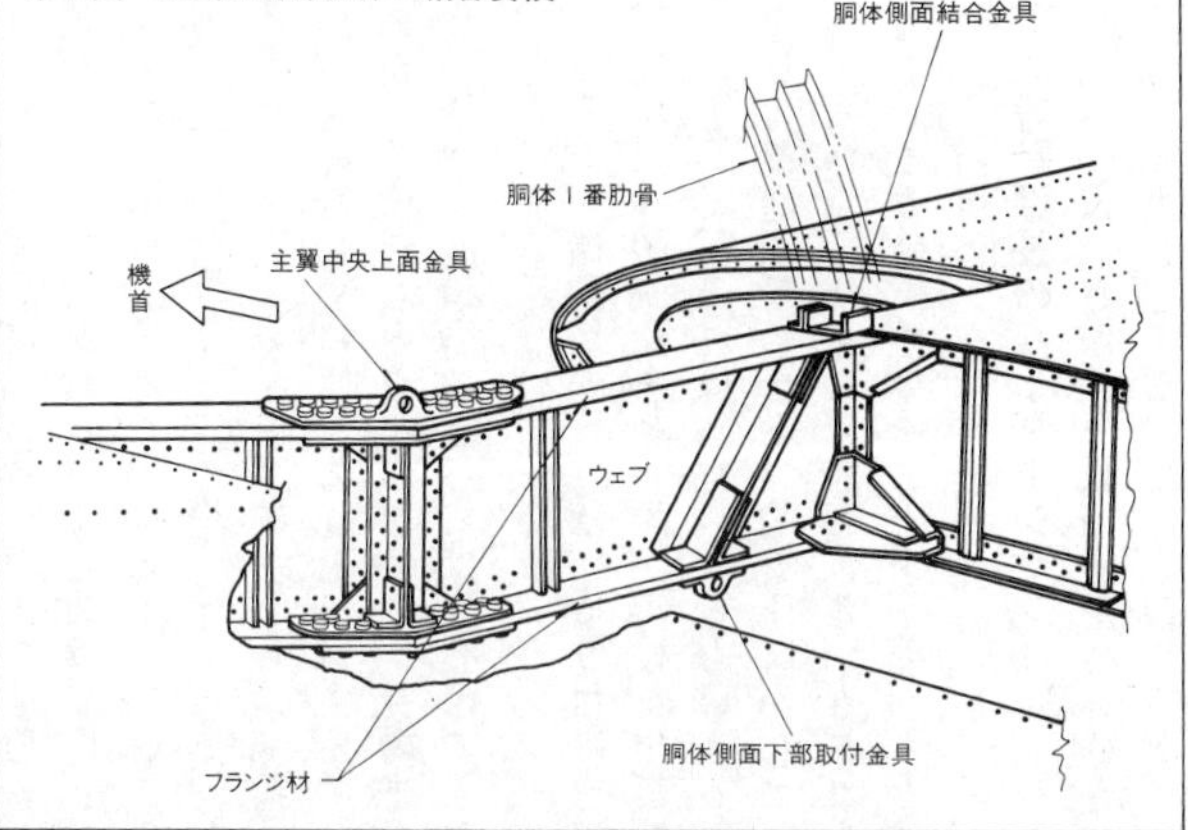

かるところで、もしこの部分がこわれたり結合がゆるんだりしたら、たちまち空中分解の原因になる。

桁フランジ材の上面および下面は、頑丈な金具を当てがってボルト締めとし、さらにウェブも中央でがっちり結合されている。このあたりは、大型のラジコン機をつくった経験のある方なら容易に理解できると思うが、実機の場合は、寸法比例的にみて主翼にかかる力が模型飛行機よりはるかに大きく、かつ苛酷だから、補強金具のかたち、材質、寸法、取付ボルトの直径や数、孔のピッチなどについて非常な神経をつかうのは、いまのジェット機もおなじことである。ちがうのは、現在では膨大な計算もコンピューターでごく短時間にやってしまうが、当時はガラガラ、チンと手まわしの計算機を一日中まわしつづけなければならなかったことと、ボルトやリベットにかわる接着剤の進歩だろう。

もちろん、強度的に充分な余裕を見込んで設計すれば、ごく大ざっぱなやり方ですむが、そんなあまい設計をやっていたのではたちまち重量がふえ、性能が食われてしまう。

主翼の桁の設計にあたってのもうひとつの悩みは、脚の回転軸や機銃取り付けのための孔であった。「強風」や「紫電」は、主翼内に二十ミリ機銃（陸軍は十三ミリ以上は機関砲とよんで機銃と区別したが、海軍は二十ミリでも機銃とよんだ）を装備することになっていた。

機銃を積むためには、どうしても主桁のたて板の部分に孔をあける必要があるが、この部分の桁の強度をおとさないために、孔のまわりに補強が必要となり、重量がふえる。だから主翼の構造設計担当者としては、孔はできるだけ小さいものにしたい、と考えるのは当然である。

ところが、機銃屋のほうは、取り付けを楽にするため孔を大きくしろ、という。ここで両者、侃々諤々《かんかんがくがく》の議論を戦わす。学校を出て間もない、経験の浅い二十歳代前半の若い技術者たちにとって、それは〝戦い〟ともいえる真剣なものだった。

主翼の構造設計のチーフ的な仕事をしていた大沼康二技師もその一人で、「いまにして思えば、ずいぶん無茶なと思われるかもしれないが、とにかく二十代の若い者同士で活発に議論し合いながら、重要なことをテキパキと処理していった」と語っていた。

菊原設計課長のリーダーシップ

これらの血気さかんな技術者たちをひきいる菊原設計課長（このあと、しばらくして部長）の苦労も相当なものだったと思われるが、この人には抜群の記憶力という特別の才能があった。

　鳴尾工場の設計室は新館内にあったが、技術者たちはこの東の端にある菊原の部屋によばれるときは、ビクビクものだったらしい。

　菊原は、指示をあたえるのに手帳を破いてメモを書いて渡す。決して控えはとらない。渡されたほうは忙しさにまぎれてほっておくと、菊原によばれて、「あれはどうなったかね？」と聞かれる。

　ちゃんと言われたことをやってあるときはいいが、そうでなかったりヘマをやったりすると、ものすごいかみなりが落ちる。その前にきまって、額《ひたい》に青すじがたつ。だから、菊原の額に青すじがたったら、もう観念しなければならなかった。

〈控えもないのにどうしておぼえているのだろう？〉と、部下たちは、叱られながらも菊原の記憶のよさに、ほとほと敬服した。

　とにかく、菊原の手帳は破いては相手に渡してしまうので、満足なのは一月一日だけ。一年たった十二月三十一日には、表紙だけになってしまったという。ふつうの人は、忘れないために手帳に書き込む。菊原はその逆であった。自分はすべて記憶し、手帳は相手に忘れさせないためのメモがわりだった。

　記憶力といえば、川西にはこのほかにも変わった特技の持ち主がいた。実験室勤務の所《ところ》亨《とおる》という東大航空科出身のエンジニアで、彼は毎日、アフターバーナーでパイプの中にガスをふかす研究をやっていた。

　この人は、昭和何年何月何日は何曜日というのをピタリと当てる名人で、どうやって当てるのか教えてくれ、といくら頼んでも、ニヤニヤ笑って教えなかった。

ところがやっていたのは、来るべき〝ジェット機時代〟を予想して菊原が命じたジェット・エンジンに関係のある基礎研究だったらしい。

このことに限らず菊原は、どんなに忙しい設計作業のさ中でも、決して将来の技術にたいする研究を怠らなかった。たとえば、丸い筒を何十本もつくり、構造や切り欠き部をいろいろ変えて、強度試験をやらせた。将来の機体構造をさぐるための研究で、いますぐ役に立たなくても、将来かならず必要となることを見こしての深謀遠慮であった。

ところで、機銃は発射時の反動や衝撃などで、主翼の強度上にかなりの影響がありそうに思われるが、実際は桁に大きな孔をあけるという間接的影響を除けば、それほどではないという。主翼にとっては、飛行中の風圧によって前後にかかる力のほうがはるかに大きく、発射時の反動を吸収するには、孔の周囲を部分的に補強し、局部的な力を翼構造全体に分散させるようにすれば、二十ミリだろうと三十ミリだろうと、たいした変わりはないのだ。

陸軍の二式戦「鍾馗」が、試験的にではあるが四十ミリ機関砲を翼内に積み、イギリスの「スピットファイア」も、おなじく四十ミリを積むことができたのも、こういった理由によるものである。

戦う技術者たち

猛烈副社長の熱弁

昭和十七年四月十八日、空母「ホーネット」から発進した十六機のノースアメリカンB25「ミッチェル」爆撃機による日本初空襲は、彼らの犠牲の大きさの割にはたいした被害をあたえることもなく、日本側も極力これを過小評価しようとした。だが、実際には、これが日本にけちのつきはじめる端緒になった。

五月七日から八日にかけて行なわれた珊瑚海海戦では、「レキシントン」を撃沈した日本側に戦術面で分があることになるが、ポート・モレスビー攻略を断念せざるをえなくなった点では、戦略的にみて失点といわざるをえない。

そして六月五日、ミッドウェー海戦で〝虎の子〟ともいうべき主力空母四隻をいっきょに失う大敗を喫した。

八月七日には、米軍がガダルカナル島に上陸した。このころ、緒戦の打撃からたちなおり、ようやく地力を発揮しはじめた連合軍側は、着実に反攻のスケジュールを進めていたのである。ガダルカナル攻略は、彼らが日本軍の防衛線に打ちこんだ、最初の楔《くさび》だった。

ここガダルカナル島では、日本海軍の設営隊の手によって飛行場が建設中で、これがほぼ完成まぢかというときに米軍が上陸した。これにたいし、ことの重大さを知った日本軍は、飛行場を奪回すべく陸海空の全力をあげて反撃、ことに海軍航空隊は、零戦の航続力ぎりぎりの長距離進攻を連日くり返していた。当然、飛行機の消耗もはげしくなる。

「一機でも多くの飛行機を」

前線の将兵たちの悲痛な声が、新聞、ラジオなどを通じて、さかんに伝えられた。そんな状況の中にあって、川西の技術者たちが心血を注いだ「紫電」の試作機は、異例の急ピッチで完成にちかづきつつあった。

予備役海軍中将である前原謙治副社長が社員たちを前にして熱弁をふるったのも、ちょうどそんなころ、昭和十七年の秋のことだった。

設計関係者はもちろん、川西の主だった社員たちは、鳴尾工場本館の三階食堂に集まった。

「最近、ガダルカナルの第一線から帰った勇士の報告によると、戦況は日ごとに深刻の度をくわえている。最前線で敵機に遭遇して追跡しても、わずかのスピードの差で逃げられてしまう。パイロットたちは切歯扼腕《せっしやくわん》し、無念の涙をながしながら、一日もはやく『紫電』のような優秀な戦闘機が配備されることを望んでいるのだ……」

前原老人は人一倍の感激屋で、演説をはじめると、自分の言葉に酔ってだんだん激昂する癖《くせ》があったが、この日もこぶしをふりあげ、泣いて「紫電」のすみやかな完成を訴えた。

口でいうばかりでなく、実際にこの副社長は〝飛行機をつくるため〟には、従来の常識も非難もいっさいを無視、可能なかぎりの手をうって、バックアップを惜しまなかった。

強行作業の犠牲者

会社をあげての努力のかいあって、十二月もおしつまったころ、「紫電」の前身である仮称一号局地戦闘機が完成した。設計をはじめて一年足らず、猛烈副社長と、がむしゃら技術陣のあげた驚異的なレコードだった。

だがこうした無理は、当然のことながら、開発関係者たちのからだをさいなまずにはおかなかった。「紫電」試作一号機が完成する前後に、設計室では課長の菊原と性能・空水力グループの井上技師、そして飛行課ではテストパイロットの乙訓飛行士が眼底出血であいついで倒れた。

仕事による過労が原因で、菊原と乙訓は比較的軽症ですんだが、井上のは重症だった。

昭和十七年十一月二十五日。その日を井上は忘れることができない。

試作一号機の完成もまぢかとなり、飛行試験計画の作成に余念がなかった井上は、夜の残業中に突然、眼の異常を生じた。左眼の視野が急に狭くなり、瞬《まばた》きをすると蚊のようなものが眼前を飛びかうような現象が起きたのだ。

翌日の午後、付属病院の眼科で診《み》てもらったところ、眼底出血が見られ、「過労が原因と思われる網膜静脈周囲炎」と診断された。

「いまは左眼だけだが、この病気は決して片方だけではすまない。必ず両眼ともそうなる。このまま眼底出血をくり返すようだと、網膜剥離から悪くすると硝子体混濁に発展し、失明するおそれもある。

他に内蔵の病気が原因となっていることも考えられるので、すぐに精密検査をしなければならないが、いずれにしても仕事をやってはいけない。絶対安静と長期療養が必要ですな」

医者にそういわれて井上は事態の深刻さをさとったが、翌日はかねてから予定のあった空技廠での打ち合わせ会議に出席、往復とも夜行列車という強行日程で会社にもどったあと、菊原のはからいでしばらく仕事を離れて療養に専念することになった。

それまで、川西の設計内部では菊原設計課長のもとで馬場敏治技師が飛行艇、そして井上が小型機担当というのが不文律のようになっていたが、「紫電」の作業を馬場が引き継ぎ、馬場がやっていた飛行艇は、たまたま陸軍を除隊して復職してきた徳田晃一技師担当となったが、この徳田と井上には浅からぬ因縁があった。

徳田の父は有名な初代の陸軍パイロットで、日本で初の航空殉職者となった徳田金二中尉だが、その徳田中尉は井上の岳父（妻の父）が初めて山口中学の教師になったときの最初の卒業生だった。

馬場、徳田と横すべりすることで井上の抜けた仕事の孔は何とかふさがったが、療養生活に入った井上の眼は、いっこうによくならなかった。

戦争がはじまってすでに一年、食糧統制も一段ときびしくなっていたが、「要保養者扱い」という病院の証明で、ときどき貴重品だった卵とチーズの特配が受けられ、わずかではあるが栄養の足しになった。あとは安静休養と眼底注射による治療しかなかったが、この眼底注射がたいへんな治療だった。

この治療は、麻酔の効果がある目薬をさして眼球をしびれさせておき、眼球の裏側へ直接ビタミンP液を注射する方法で、注射した日は痛みとともに眼球が金魚の目のようにはれあがった。

今ならレーザー光線治療などの手段もあるが、当時はこれ以上の方法はなかったのだ。

それでもがまんして治療につとめたが、病状は悪化する一方で医者の心配したとおり右眼にも転移、そして眼底出血をくり返した左眼はついに失明してしまった。

右眼は比較的軽い症状ではあったが、これ以上良くなる見込みなしとして治療は打ち切られ、半年後の昭和十八年五月に職場に復帰となった。しばらくは「要保養者」扱いで残業は免除されたが、十月以降は普通勤務となり、片眼で以前にも増してハードな仕事に取り組まざるを得なくなった。

戦時中のこうした酷使がたたって戦後も眼はいっこうに良くならず、年を重ねたいま、井上は身障者三級の登録で車両乗車などは付添人が必要の身となっている。

こうして井上は片眼を失ったが、過労にさいなまれた技術者の中には命までも失ってしまったものがいた。

井上の親友だった小組立兼試作工場担当の酒井駿がそれで、井上と同じ横浜高等工業学校から川西に入った酒井は、なぜか設計ではなく現場を選んだ。

ちょうど九四式水偵の量産が最盛期で、九七大艇が制式になって量産がはじまった時期だった。これらの飛行機は完成すると試験飛行をするが、水上機の試飛行はふつう海面の静かな早朝に行なわれるので、酒井は毎日のように午前五時の早出をし、父親のような年輩の工員を指揮して試飛行がとどこおりなく行なえるようにした。

その後、十二試三座水偵、十四試「紫雲」、十五試「強風」、そして「紫電」「紫電改」とつづいた試作機はすべて彼の試作工場で生まれたが、この間ずっと夜を日に継いでの泊まり込み勤務の連続で、ほとんど家に帰ることなく、そんな無理が重なって酒井はついに病魔におかされた。

ちょうど「紫電」の次の〝改〟試作一号機が完成目前の昭和十八年暮れ、深夜の残業中に喀血して倒れ、そのまま入院したが、すでに手遅れだった。半年後の昭和十九年七月二日、帰らぬ人となった酒井にたいし、会社は社葬をもってその功績をたたえたが、仕事の過労から親友を失った井上の心の傷は、その後も長くいやされることはなかった。

こうしたハードな仕事を強いられたのは、井上や酒井だけではない。

「三ヵ月くらい会社に寝泊まりしたことがあった。設計室の机や並べた椅子の上に寝て、目が覚めたら図面をかくという日がつづいた。週に一回くらい家に帰ったが、下着やなにかを取りに行った程度ですぐに会社にもどった。食事も風呂もすべて会社だったから生活には困らなかったが、『紫電』も『紫電改』も日程が極度につめられたから、そうでもしなければ設計から試作機完成まで一年足らずという短期間にはできなかった」

オイル冷却器、発動機架、オイルタンク、同配管、燃料系統、燃料タンクなど、動力艤装担当だった設計の宇野唯男技師（のち新明和工業航空機事業部長）はそう語っているが、戦時下、技術者たちもまた自分のからだ、家庭を犠牲にして戦っていたのである。

第二章　難問への挑戦

「紫電」はばたく

試作一号機完成

文字どおり関係者たちの不眠不休の努力のかいあって、待望の「紫電」試作一号機は完成した。

太い胴体に外径の小さな「誉」エンジンをつけたため、前部を思い切って絞ったカウリング、二千馬力近い強大なパワーにふさわしい四枚羽根の大直径プロペラ、尾部まで太くなったずんぐり胴体、そして異様に長い脚など、これまで洗練された零戦を見なれた目には、どう見てもスマートとはいえなかったが、それが逆にたくましさを感じさせた。

ふつうならこのあと細部のチェックを終えて飛行場に引き出され、すぐに初飛行といきたいところだが、残念なことに水上機ばかりつくっていた（創業時代は別だが）川西には、陸上機用の飛行場がなかった。水上機や飛行艇は工場の前の海から飛び立つことができたから、飛行場はいらなかったのである。

こうした事態にそなえて、川西の鳴尾工場に近い鳴尾競馬場と、児童公園だった阪神パークと、甲子園南グラウンドの三つをつぶして、飛行場をつくる作業が急がれていたが、「紫電」の完成には間に合わない。そこで、これも海軍の肝いりで、陸軍の管理下にあった大阪の伊丹飛行場を使うことが決定していた。

すでに国内の一般定期航空はほとんど休止状態で、固定脚の旧式な陸軍九七式戦闘機が展開していたが、縄張り根性からなかなかうんといわなかったらしい。それを海軍側のねばり強い交渉と、試験飛行のために川西側でつくる臨時格納庫その他の施設を、あとで寄付するという条件で、ようやく陸軍を納得させた。

飛行場の確保についでの難問は、鳴尾から伊丹飛行場まで、どうやって試作機を運ぶか、ということだった。いまとちがって、大型トレーラーの走れる高速道路などない時代だった。

もちろん、細かく分解してしまえば貨車輸送も可能だが、それでは分解や再組み立てに時間がかかる。前原副社長ではないが、いまとなってはその時間すら惜しい。なんとか分解せずに運ぶ手はないものか。

「紫電」の完成にさきだって、輸送方法が真剣に検討されたが、事前調査の大役は、大学を出たばかりの三人の若い社員にあたえられた。

彼らを部長室によんだ橋口義男航空機部長は、手短に事情を説明し、分解しないで運ぶ方法の調査を命じた。

チーフにえらばれたのは、「紫電」開発プロジェクトチームの中で、庶務的な仕事を一手に引き受けていた大学を出て入社後まだ二年足らずの野村順三と、新入社員の国分俊夫、八田律彌のヤングトリオで、三人は鳴尾を自転車で出発した。

局地戦闘機「紫電」試作1号機。昭和17年12月に初飛行に成功、機体は全面をオレンジ色に塗られていた。スピンナーや、「誉」エンジンをおさめた機首部の形状が量産機とは異なる。

季節はずれのサイクリングではあったが、冬にはめずらしくおだやかな日和だった。あわただしい工場をはなれて、のどかな田園をペダルを踏んで行くのは、悪い気分ではなかった。

野村は四メートルの長さに切った竹竿を持っていた。道幅はだいたいの見当でわかる。それより心配なのは鉄道のガードや電線、それに大阪市内の市電の架線の高さだ。なにしろ、試作機をそのままトレーラーにのせると尾翼の高さは四メートルにもなる。そう考えて彼は、竹竿をメジャーの代わりにしたのだった。

阪神電鉄の武庫川の踏み切りの幅が無理なこと、国鉄のガードが低いことなどを確認しながら、伊丹付近まできてひと休みしたとき、ふと道端を見ると大きな亀が歩いている。さっそく捕まえて、自転車の荷台にくくりつけたが、途中、立ち寄ったそば屋で昼食を食べている間に、逃げられてしまった。あとでこの話を聞いた前原副社長は、「亀を捕まえたとは縁起がいい」といって、ひどく喜んだという。

調査を終わり、陸上輸送は無理である旨報告した野村にたいし、橋口部長は反問した。

「野村君、君はメジャーでたしかにはかったのか?」

野村は竹竿ではかった、と答えると橋口部長は難色を示したが、「私は野村のいうことを信じよう」という浜田栄副部長のとりなしで、彼の意見が認められ、改めて海上輸送をまじえた案の調査を命じられた。

海上を船で大阪まで運び、あと市電の終電をまって深夜、伊丹まで運ぶ、という案をたてて、ふたたび調査に出発した。

だが、今度は自転車ではなく乗用車、それも橋口部長専用のフォードを出してもらった。大阪築港の様子、どこに陸揚げするか、クレーンをどうするか、警戒のための警察の協力など、野村は輸送作戦に必要な、あらゆることをこと細かに調べあげた。

深夜の飛行機輸送作戦

いよいよ飛行機輸送の当日となった。鳴尾の浜には、頭に鉢巻きをした威勢のいい若い衆の、きびきび立ち働く姿が見られた。この辺一帯を仕切る上組の鳶《とび》の面々で、お国のための重大な仕事を引き受けたんだ、という使命感に燃えた彼らは、飛行機を吊り上げる高いクレーンの上にするするとかけのぼり、はらはらするような離れわざをやってのけて、なんなく飛行機を団平船に積み込んでしまった。

第一回の輸送テストは大事をとり、試作一号機と並行してつくられていた強度試験用の機体が使われた。カバーをかけられた帝国海軍の最新鋭戦闘機は、のんびりと団平船にゆられながら冬の大阪湾を渡った。

同じように飛行場をもたなかった三菱航空機の十二試艦戦、のちの零戦の試作一号機が陸路、牛車で各務ケ原《かがみがはら》飛行場まで運ばれた話と、一脈通じるものがある。

築港の住友倉庫前につけられた団平船から、機体が吊り上げられ、倉庫わきに待機していたトレーラーに降ろされたのは、短い冬の陽が、そろそろ西に沈むころだった。

折からここでは、アメリカやイギリスの捕虜たちが、トロッコ押しの作業をやっていたが、疲れきった彼らのうつろな眼に、この情景はどう映じたことだろう。

市電のとまるのは、夜の十時過ぎである。それからの徹夜輸送にそなえて近くの旅館でひと眠りすることになったが、チーフをつとめる野村は、はたしてうまくいくかどうか、いささか気が重かった。

うとうとする間もなく起こされた輸送班の面々が外に出てみると、カンカンに凍《い》てつくような寒さ、そして見上げる空には無数の星が美しかった。

機体をのせたトレーラーをトラクターが牽引し、前を尼崎憲兵隊の軍曹、大阪築港警察交通主任の巡査部長らが乗った乗用車が先導、トレーラーの左右とうしろを呼笛をくわえた五人の自転車隊でかこみ、機体の上には竹竿をもって電線がつかえたときにそれを持ち上げる役が一人。それに総指揮官役の野村が、上下左右に全神経を集中してトレーラーの上にがんばっていた。

市内にはいると人影もなく、もとより五十年も前のこととて、行きかう車もない。だが、

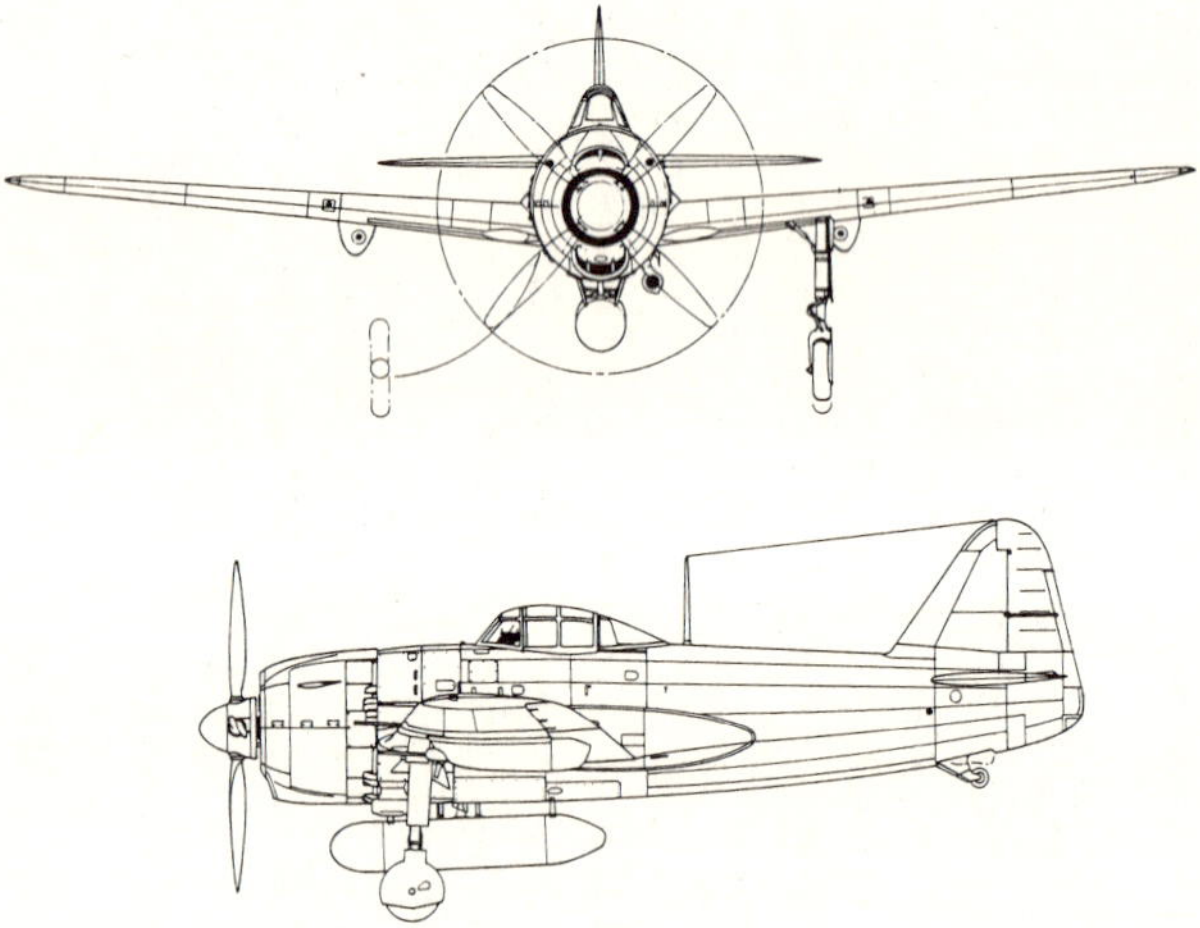

▼「紫電」一一型乙 NIKI-Jb

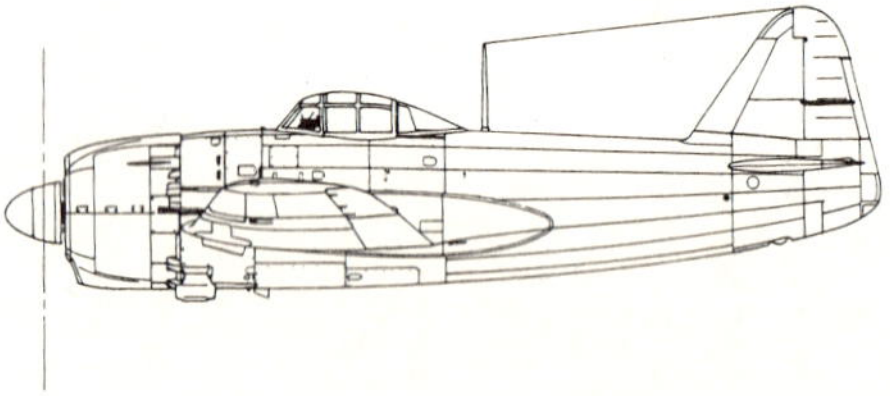

作図・渡部利久

第７図 「紫電」一一型甲 N1K1-Ja

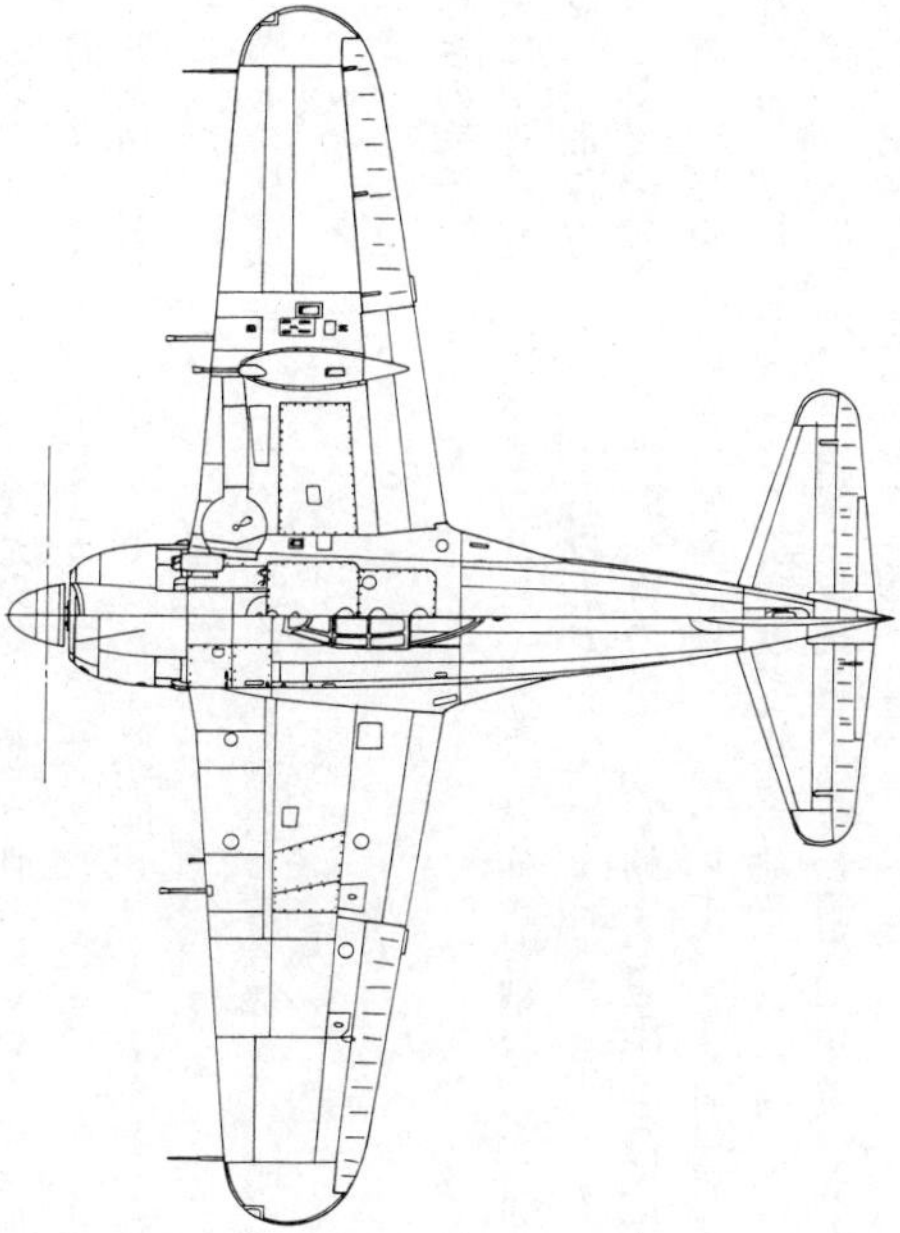

全幅：12ｍ　全長：8.89ｍ　自重：2,897kg　全備重量：3,900kg
エンジン：中島「誉」二一型　空冷二重星型18気筒　1,990馬力(離昇)
プロペラ：定速四翅(直径3.3ｍ)　最大速度：584km／時／高度5,900ｍ
上昇力：6,000ｍまで５分50秒　実用上昇限度：12,100ｍ　航続距離：1,430km
武装：20mm機銃×４　爆弾60kg×２

まぶしいほどのライトをつけてしずしずと進む異様な行列に、さては誰か高貴の方のお通りかと、酔眼さだかでない酔っぱらいがあわてた最敬礼する様子に、会社の飛行課から防寒用にと借りてきた飛行服に身をかためた野村総指揮官も、思わずにやりとした。

築港、大阪駅、十三、そして産業道路をとおって伊丹に着いたのは明け方で、六甲の山なみが暁の空に、くっきりと浮かび上がってきたころだった。

輸送テスト成功に引きつづき、すぐに一号機が同じコースをとおって運ばれ、試験飛行は大晦日《おおみそか》と決まった。

こうした苦心の機体輸送は「紫電」試作一号機から六号機まで、鳴尾飛行場の完成までつづけられたという。

異例つづきの初飛行

騒動の末に伊丹飛行場に運びこまれた「紫電」試作一号機は、飛行場の一隅に会社が仮設した格納庫で、最後のチェックが行なわれた。

例によって徹夜作業となり、試験飛行の当日、昭和十七年十二月三十一日の朝をむかえた。まだ完全に調整が終わっていない個所が残っていたので、この日はまず会社側パイロットによる地上滑走および軽いジャンピング程度で様子を見ることになった。

試作一号機が引き出され、川西龍三社長はじめ会社側の関係者はトタン張りの急造格納庫前に集まって、試験飛行開始の瞬間を待った。

飛行場周辺には、事前の取り決めによって飛行を停止した陸軍の九七式戦闘機が、扇形に散開して翼を休め、海軍の最新鋭戦闘機のテスト飛行にそなえて空には一機も見あたらない。じつは、陸軍側は最初からこの試験飛行のために飛行場を貸すのをしぶっており、ようやく納得したあとも、時間を細かく制限するなど、何かにつけていやがらせをしたらしい。

彼らにしてみれば、旧式の九七戦ばかりの眼の前で、海軍の新鋭機に飛ばれて、性能の差をまざまざと見せつけられるのがくやしかったにちがいないが、この一事をもってしても、陸海軍の仲の悪さは、戦争遂行上の大きな障害であったことは否めない。

海軍からも、航空技術廠（空技廠）飛行実験部部員で戦闘機担当の志賀淑雄大尉、帆足工《たくみ》大尉らがやって来た。

志賀大尉は海軍兵学校六十二期で、「加賀」「隼鷹《じゅんよう》」と空母に乗ってハワイ、アリューシャン攻撃などに参加した実戦派の戦闘機パイロットで、空技廠には着任してまだ日が浅かった。

帆足大尉は兵学校も飛行学生も志賀の一期下だったが、空技廠に来たのは志賀より四ヵ月ほど早く、戦闘機主務として零戦、「雷電」「紫電」を担当していたが、志賀が来たので「紫電」は志賀の主担当となった。だからこの日の帆足は、まだ新しい配置になれない志賀との引き継ぎかたがたといったかたちだった。

帆足大尉は長身、白いマフラーがよく似合うスマートな青年士官で、海軍報道部長平出英夫大佐の愛嬢と結婚することになっていたという。

「豪快、竹を割ったような性格」

志賀は帆足をそう評しているが、自分がこうと思ったら絶対にゆずらない一途《いちず》な面をもっていた。

その帆足が、零戦とちがって見るからに精悍《せいかん》そうな試製一号局戦にひと目ぼれしてしまったらしく、自分が乗りたいといいだした。

この日は最初、会社のテストパイロット乙訓《おとくに》飛行士が乗ることになっていたのでそういうと、帆足はどうしても自分が先に乗りたいといってきかない。仕方がないので地上滑走だけならという条件で、帆足大尉を先に乗せることにした。

ところが飛行機に乗り込んでしまうと、今度は飛び上がってみたいという。

「あかん、あかん。まだ操縦系統の最終試験がすんでませんのや」

飛行試験主任として来ていた清水三朗技師がそういうと、帆足は屈託のない顔でそれをさえぎった。

「エルロン、昇降舵が動いて、エンジン、プロペラがまわれば飛行機は大丈夫だよ」

笑いながらそういうと、出発の合図をしてスルスルと動き出し、やがて一段とエンジン音が高くなったと思ったら飛び上がってしまった。

「何ということをする男だ。事故でも起きたらどうする――」

そんな清水たちの心配をよそに、帆足の操縦する飛行機は、脚を出したまま悠然と飛んでいる。思いもよらない初飛行となってしまった。

大晦日の徹夜の引込脚テスト

「いやー、どうもすまん。会社の人に最初に飛んでもらうのが礼儀だが、調子が良さそうだったし、ゼロブーストで滑走をはじめたら自然に浮いたんでつい上がってしまった」

降りてくるなり、帆足大尉はそういって頭のうしろに手をやった。

まずは何事もなく終わったという安堵と、まるでいたずらっ子のようなそのしぐさに、関係者たちは思わず微笑をさそわれたが、帆足の次の言葉を聞いてギクリとさせられた。

「調子がいいようだから、明日の元旦は、できたら脚も引っ込めて飛んでみたい」

といいだしたのだ。

脚カバーの開閉テストなどはまだやってなかったし、川西としては、経験のない引込脚だけに、脚を引っ込めた場合に、強い風圧にたいして脚カバーの止め金や取付金具が、はたしてもつかどうか、心配だった。それに、これまで強行作業をつづけてきた関係者たちにも、せめて正月三が日ぐらいはゆっくり休ませてやりたかった。

しかし、これほどまでに海軍の人が熱意を示してくれるのなら、なんとかそれに応えねばなるまい。

「脚の引き込みと脚カバーの強度テストを、今夜中にやってしまおう」

大晦日には、東京に帰って久しぶりにくつろぐつもりだった試作工場の高橋元雄主任は予定を変え、さっそく強度試験場からも応援をたのみ、作業を開始した。

当時はまだ整備専門の整備課ができていなかったので、試作工場の整備関係者が主になってやらなければならなかった。

すぐに応急のテスト装置をつくり、脚カバーに風圧がかかった状態の模擬地上テストにかかった。

高橋主任はじめ全員が、凍るような寒さも忘れての懸命な徹夜作業は、たちまち時がたち、テスト完了の見とおしがついたころには、白じらと夜が明けはじめ、昭和十八年元旦の朝となった。

ぶじ引込脚のテストを終え、あとを任せて高橋が同僚の家で冷えた身体に熱い雑煮を祝い、ほっと一息ついたのはなんとまだ早朝六時前であった。

今日はおおっぴらに飛べるとあって、帆足大尉は上機嫌でやってきた。

入念に整備された飛行機に乗り込むと、舵のテストもそこそこに離陸、すぐに脚を引っ込めた。

「大丈夫だったな」

二段式の脚柱がうまく縮むかどうか。そして実際の飛行状態でちゃんと引っ込んでくれるかどうか。一番気がかりな個所だっただけに、強度試験場係長で飛行試験主任を兼務していた清水技師をはじめ関係者たちの口から一様に安堵のつぶやきがもれた。

脚を引っ込めたあと、「紫電」の強力なパワーを確かめるかのように帆足は機を急上昇させた。まだ二回目とあって過激な飛行はできるだけ避けて欲しいところだったが、そんなことはまったく意に介しない飛び方だった。

「あの人はずいぶん乱暴だった」

目撃した宇野の言葉だが、さいわいすべては好調に推移し、試験飛行は成功した。

二度目ではあるが、正式の初飛行を終えた川西の社内は喜びにあふれた。念願の陸上戦闘機が成功すれば会社の前途も明るい。

このあと、橋口航空機部長の主催で、内輪の社内初飛行成功の祝賀と慰労を兼ねた大宴会が西宮甲陽園の料亭「播半《はりはん》」で催された。ダンディで派手好きな橋口は、戦時中だというのに紋付羽織袴姿で現われ、おおいに気炎をあげたという。

混迷する新局地戦闘機計画

「雷電」計画の遅れ

異例続きの初飛行を終えたあと、「紫電」のテストは志賀に引き継がれ、帆足は「雷電」に専念することになったが、この「雷電」について少し触れておかなければならない。なぜなら「雷電」――三菱J2Mは、「強風」「紫電」「紫電改」とつづいた川西の戦闘機開発に大きなかかわりがあったからだ。

「雷電」は「強風」に先だつこと、ほぼ一年前の昭和十四年（一九三九年）九月に、「十四試局地戦闘機」として海軍から三菱にたいして試作の内示があった機体だが、実際の設計作業は昭和十五年から十六年にかけて行なわれ、試作一号機の初飛行は「雷電」が昭和十七年三月二十日、「強風」が同年五月六日と、わずか一ヵ月半しかちがわないから、十四試と十五試とはいっても、ほとんど同時期の機体と考えてさしつかえない。

しかも、単に時期がおなじだっただけでなく、おなじエンジンを積み、紡錘型の胴体をもち、主翼構造までがモノスパーに近い主桁と補助桁の組み合わせを採用しているなど、水上と陸上のちがいはあるにせよ、設計的に多くの共通点を見出すことができる。

陸上と水上のちがいはあるにせよ、「雷電」「強風」とほぼ似たような設計の傾向をもつ二種の迎撃戦闘機が、あいついでデビューしたことになるが、この両機はその後の進展がはかばかしくない点も似ていた。零戦にかわるべき新鋭機の出現を急いだ海軍は、J2M2を「雷電」一一型として制式採用としたものの、すぐ量産にははいれない状態だったし、「強風」も昭和十七年八月の第一号機を皮切りに、年内に三機の試作機《プロトタイプ》を海軍に引き渡しただけで、量産機の引き渡しは、それより一年近くもあとになっている。

「強風」は、計画のはじめから限られた局面での使用しか考えられていなかったし、実際に戦争がはじまってみると、この種の機体はあまり必要でないことがわかったので、おくれても大勢に影響はなかったが、「雷電」の場合は事情がちがっていた。

戦局が開戦当初のはなばなしい攻勢から、連合軍側の反撃へと変わりつつあったことから、迎撃専門の優秀な局地戦闘機の必要性は、逆にたかまっていた。

このため、三菱での零戦の生産をへらして、「雷電」を大量につくることが計画された。零戦のほうは、すでに中島飛行機での転換生産が軌道に乗り、むしろ三菱よりハイペースで行なわれていたので、三菱の生産の主力を新鋭の「雷電」におきかえよう、という海軍の考えであった。

パイロットたちの不満

それにもかかわらず「雷電」には、試作機にありがちな、ごく一般的なトラブルとは別に、大きな問題が二つあった。

一つは、太い胴体と長い機首とによる前方視界の悪さ、もう一つは動力関係から発生する振動で、とくに振動問題の解決は、ソロモン、ニューギニア方面で激しい空の攻防がつづいている時期に、一年近くもかかったため、作戦的にも戦闘機生産計画の面でも大きな支障をきたした。

局地戦闘機「雷電」。高速と重武装を兼備した新鋭機として登場したが、視界不良や振動などに悩まされた。本機の開発遅延は「紫電」計画に大きな影響をあたえた。写真は二一型。

視界不良については、木型審査の段階から、すでに指摘されていたことではあったが、いざ実機になって飛んでみると、あまりにも良すぎた零戦を知っているパイロットたちにとって、やはり不満のたねになった。

筆者は、操縦をしたことがないから本当のところはわからないが、戦後、アメリカで「雷電」のコクピットに座ってみて、この程度の視界不良は、F4F「ワイルドキャット」や、P47「サンダーボルト」などに、我慢して乗っている外国人のパイロットたちからみれば、おそらく問題にされなかったのではないか、と思った。こと操縦の手ごたえとか視界にかんしては、日本のパイロットの要求は、かなり贅沢《ぜいたく》だったようだ。

おくれにおくれた「雷電」の量産機が局地戦闘機としての真価を発揮したのは、戦争末期の戦略爆撃機ボーイングB29にたいする攻撃だった。

高空性能を改善した「火星」二六型エンジンを積んだ「雷電」三三型は、二十ミリ四梃の強力な武装とともに、B29にたいするもっとも有効な攻撃兵器となった。しかし、敵の艦載機が来襲しはじめのころは、見なれない「雷電」を敵と誤認した陸軍の対空射撃隊によって撃墜される、という事故があったとも聞いている。

「雷電」は、もし順調に成長していたなら、おそらく第二次大戦における日本戦闘機の中で、きわだった存在になるはずだったが、運命はこの日本ばなれの形体をした戦闘機に、不幸に作用したとしかいいようがない。

余談になるが、「雷電」について筆者には、ささやかな思い出がある。

零戦よりむしろ「雷電」の独特のスタイルが好きだった筆者は、戦後、写真をたよりにソリッドモデルをつくり、天井からちょうど目の高さになるようにオフィスに吊って、仕事の合間に眺めたりいじったりしてなつかしんでいた。これがたまたま、所用で来訪された堀越さんのお目にとまったのが縁で、あとから精巧な四十分の一の模型をつくってさしあげたことがある。

敗戦により、一生を賭けるはずだった飛行機から引き離されて数年後の、希望のうすい日々を送っていた当時のこととて、この高名な設計者に進呈するために精魂こめて木を削ったことは忘れられない思い出である。

さらに一九六九年夏、AAHS（アメリカ航空史協会）のマネージング・エディター、ジェイムズ・スローン氏といっしょに、ロサンゼルス郊外のエド・マロニイの航空博物館を訪れた際、はからずも復元の完成した「雷電」に再会することができたことも、つけ加えておこう。

いまもこの「雷電」は健在である。

脚光をあびた〝控え選手〟

水上戦闘機「強風」の将来性に早くから見切りをつけていた川西では、「強風」の試作機がまだできあがらないうちに、その陸上機版ともいうべき局地戦闘機「紫電」(当時はまだ仮称一号局地戦闘機とよばれていた)の設計をはじめ、「雷電」が制式になった二ヵ月後の昭和十七年十二月三十一日には、前述のように試作一号機が飛んだ。「強風」という母体があったとはいえ、計画から初飛行まで一年足らずという、驚異的なはやさだった。

しかし、おなじ局地戦闘機とはいっても、三菱の「雷電」は最初から海軍の要求にもとづいたものであるのにたいし、川西の「紫電」は、こちらから売り込んだものであり、その上、戦闘機設計にたいする海軍側の信頼度は、三菱のそれにくらべて比較にならないほど低かった。強いていえば、「雷電」がうまくいかなかった場合の控え、といった程度の期待であったのかもしれない。

それにこの時点では、まだ「雷電」の将来性は、それほど悲観的でなく、海軍は昭和十八年度から準備に入り、十九年度中には、なんと三六〇〇機も生産する大計画をもっていた。

このような状況から、海軍は進行中の「紫電」とは別の陸上戦闘機の設計試作を川西に命じたほどで、もし「雷電」が計画どおりに進んでいたら、おそらく「紫電」の出番はなかったのではなかろうか。

試作計画混乱のしわよせ

昭和十七年から十八年にかけての陸海軍の試作計画、とくに戦闘機のそれには、かなりの混乱があったように見受けられる。このころ、すでにアメリカで開発中の日本本土空襲用の超大型爆撃機B29についての情報は知られていたから、対B29用の高々度迎撃戦闘機の試作が、あいついで発注された。

陸軍では、中島飛行機のキ八七、立川飛行機のキ九四、川崎航空機のキ九六双発、海軍では川西J3K1（十七試陸戦）、三菱J4M1「閃電」のほか、中島J5N1双発「天雷」、三菱A7M1艦戦「烈風」などが、いずれも昭和十七年度中に発注されている。

このほかに各社とも現用機の改良、別の機体の計画やら設計を手がけていたのだから、設計や試作担当者たちに課せられた仕事の負担は、想像を絶するものがあったと思われる。これを用兵側の方針の不統一、といってしまえばそれまでだが、海軍も陸軍も、零戦や「隼」につづく信頼すべき主力戦闘機が現われないことにたいする焦り、戦局の変化の見とおしと完成時期のずれ、資材不足、陸海軍あるいは他の関係政府機関との間のいがみ合い、情報や連絡の不足などが重なった当時の混乱ぶりを思うと、単純な批判は意味がないように思われる。

ただ、これらのしわよせが、実際に仕事を担当する人びとに過大な負担を強いることとなり、彼らの多くが、みずからの身を削ってその責任を果たそうとした結果、病に倒れる人も多くでた。

川西についてはその一部を先に書いたが、「雷電」も例外ではなく、その設計が最盛期をむかえた昭和十六年夏、設計チームの副将的存在だった曽根嘉年《そねよしとし》技師、そして設計主務者の堀越二郎技師がオーバーワークであいついで倒れる、という不幸に見舞われた。

そんなことも「雷電」の玉成をさまたげたが、「雷電」の不調がながびくにおよんで、「紫電」がクローズアップされるようになった。その結果、「紫電」は「雷電」より数多くつくられ、さらにはつづく「紫電改」をいっきょに海軍の主力戦闘機の座に押し上げることになったのは、運命の皮肉というべきだろう。

ほかにも「雷電」の成否が零戦の消長や「烈風」の開発にも影響をあたえるなど、戦争末期における海軍の主力戦闘機の動向に大きな影をおとしたことは否めない。

認められなかった真価

「雷電」の不幸はさらにつづいた。

昭和十八年六月十六日、「雷電」一一型二号機が離陸直後に墜落、乗っていた帆足大尉が火災を起こした機体とともに焼死するといういたましい事故が発生したのである。

この日の試験項目はながびいたプロペラ振動対策の効果確認だったが、帆足機は離陸して脚を上げたとたん、急に機首を下げ、大地に激突炎上したもので、三ヵ月後、まったく偶然のことから、その事故原因が判明した。

三菱のテストパイロットで、ベテランの柴山栄作操縦士（川西では飛行士といっていた）が同じ「雷電」一一型で離陸直後に脚を引っ込めたところ、急に操縦桿が前に押され、帆足大尉殉職の際と同じ状態で飛行機は地面に向けて突っ込みはじめた。

このとき柴山操縦士はとっさに、脚上げでこうなったのだから、脚を下げてもとの状態にもどすべきだと判断し、急いで脚をおろすと操縦桿が自由を回復して無事着陸することができた。

着陸してしらべたところ、引込式尾輪のオレオ支柱が曲がっており、脚上げと同時に昇降舵の軸パイプを押して下げ舵になることが確認された。

つまり帆足大尉の操縦ミスではなかったのだが、操作によって異常が起きたら元の状態にもどすという、テストパイロットの基本を忘れたことが運命のわかれ道になった。長くテストを専門にやって来た者と、そうでないパイロットとの違いで、帆足の適性からすれば飛行実験部よりも実戦部隊の指揮官のほうが向いていたのではないか。

重ね重ねの不運につきまとわれた「雷電」ではあったが、前述したように戦争も末になってやっと本来の活躍の場にめぐまれたが、ときすでに遅しの感があった。

優秀な素質を持ちながら、その真価を認められることの少なかった「雷電」について、「雷電」と「紫電」それぞれの最初の実戦部隊勤務を経験した岩下邦雄大尉（鎌倉市）は、こういっている。

「われわれは、零戦から『雷電』に移ったとき、あまりの相違にとまどったばかりでなく、局地戦闘機としての『雷電』の設計思想や用法を、よく理解しなかった。

本来、急速上昇をやって敵を一撃して離脱する、という戦闘法に向くよう設計された『雷電』にたいし、零戦なみのドッグ・ファイティングを期待しようとしたところに誤りがあった。

なにしろ操縦性に不安を持っていたから、当時はみんないやな飛行機に乗せられた、と思っていた。

これを完全に乗りこなしたのが、厚木航空隊の連中で、ずっとあとで彼らから『雷電というのはいい飛行機ですね』といわれたことがあった。

戦争の末期、B29にたいして、もっとも戦果をあげたのも、この厚木の雷電隊だった」

五人のテストパイロット

川西のサムライたち

「紫雲」「強風」、そして一番新しい「紫電」など単葉小型試作機のいろいろな試験飛行にくわえ、制式になって量産中の二式大艇の領収飛行もあり、川西のテストパイロットたちは大いそがしだった。

彼らは検査部に所属し、五人いたうちの太田与助、乙訓輪助、森川勲の三人は海軍を除隊して会社に来た、いわゆるたたき上げのベテランで、岡本大作、岡安宗吉の二人は予備学生出身のパイロットだった。

最古参で戦闘機出身の乙訓は勉強家で、よく設計室にやって来ては設計者たちと議論をした。豊富な体験からくるカンからか、たとえば風洞試験の段階で乙訓が、「この飛行機はこうなるよ」といえばかならずそうなったと、設計者たちの信頼があつかった。

勉強家でつねに新しい技術の吸収に積極的だった乙訓に対し、飛行艇出身の太田はどちらかといえば自分の経験を過信し、どんどん新しくなる技術の研究にあまり熱心でなかった。新機軸のかたまりのようなE15「紫雲」の八回目の飛行で着水操作をあやまり、貴重な試作一号機をこわしたばかりか、同乗の井上技師もろとも九死に一生の危ない目にあわせたのもそのせいだった。

もっとさかのぼると、昭和三年に太平洋横断飛行の訓練中に佐賀県内で墜落、殉職した後藤勇吉（日本人で最初の一等飛行士）や、昭和十一年六月十七日、川西十一試水上中間練習機で試験飛行中、空中分解して甲子園沖に墜落死した海江田信武などもいた。

川西の鳴尾工場には背の高い煙突が二本あったが、死んだ日、海江田はその間をすり抜けたり、海上で宙返りをするやら思い切りハデな飛行をやっているうちにフラッターを起こし、方向舵が飛んで海中に突っ込んだのである。

試験中、方向舵の面積が少し大き過ぎるといって、自分で羽布の一部を切り取って飛ぶといった雑なことが原因だったらしい。

海江田は逓信省の委託学生出身のパイロットで、先に死んだ後藤勇吉同様に美男子だったから、彼が宿泊していた宝塚ホテルから毎日、オートバイで武庫川堤をさっそうと飛ばして出社する姿は、近辺の若い女性たちのあこがれの的だったらしい。

美男といえば海江田の殉職の三年後に入社した岡本大作もそうで、入社したてのころは、

「海江田の生まれ変わりのようだ」とうわさされたという。その後、海軍航空技術廠（空技廠）飛行実験部に一年間出向し、飛行審査技術を身につけて帰社したが、大の酒好きで、のちに元海軍中将の前原副社長のやり方が気に入らないと酒を飲んでその邸に押し入り、ガラスを叩き割って引きあげるという武勇伝も残している。そのいきさつについては後述するが、ちなみに彼は日本学生航空連盟海洋部（のちの海洋飛行団）出身の海軍予備士官であった。

森川と岡安の二人は海軍空技廠飛行実験部から来たパイロットで、入社は岡本よりずっと遅かった。海軍では森川は飛行艇、岡安は水上偵察機をそれぞれやっていたが、川西入社後、岡安は戦闘機に変わり、乙訓、岡本とともに「紫電」「紫電改」のテスト担当となった。

森川は岡本が学生時代に属していた海洋飛行団当時の教官で、召集されて海軍に行き、空技廠では伊東祐満少佐（のち大佐）と肩を並べる名飛行艇乗りといわれた。

岡安は設計の井上の一年先輩にあたる横浜高等工業造船科卒だが、岡本と同じように学生航空連盟海洋部から海軍に入り、川西に来たときは海軍予備大尉だった。

「ものごとを論理的に考える人で、飛行中のスコーク（squawk）や計測値の分析に興味を持っていたようだ。飛行課にあった計測係主任も兼務し、飛行のないときはよく戦地でのパイロット体験を興味深く話してくれた。少し理屈っぽい感じがないでもなかったが、研究熱心な人だったと思う」

設計課電気係田中賀之技師の岡安評だが、同じ海軍予備士官出身ながら岡本とは少し肌合いが違い、戦後もパイロットとして飛んだ岡本にたいし、岡安は終戦とともにキッパリ飛行機と縁を絶ち、郷里の鹿沼（栃木県）に帰って養鶏業をはじめた。

〝羽根があっても飛ばない〟という点で、岡安は鶏に共通点を見出したのであろうか。

命がけの試験飛行

これらの個性派集団にとって、共通の楽しみはアルコールだった。

「テスパイ（テストパイロット）の仕事は緊張の連続である。それだけにアルコールはそれを解きほぐす良薬であった。一日の仕事を終えると、甲子園の松林内にあるレストランに集まって、冷たいビールを飲む楽しさはまた格別だった。阪神電鉄青木駅近くの古びた割烹《かっぽう》で毎月一回パイロットだけが集まって飲み、かつ踊ったのも鮮烈な思い出だ。

また、三菱、中島など他社の連中も含めたテストパイロットの会が年に一度あり、各社持ちまわりで宴会を開いた。東京で会があった帰りに川西組は長野まわりで帰ったが、途中、湯田中温泉で豪遊したため（非常時下に何事ぞと）警察に不審がられ、帰社してから西宮警察署でしらべられたことがある。

そのころ川西では、テスパイの疲労回復と健康のために抹茶がよいということで、毎日昼休みに抹茶のサービスを受けた。若い美女の立ててくれた茶を、飛行服の上だけ脱いだぶざまな格好で、かしこまって頂いたものだった」

自著『テスパイ人生』に岡本はそう回想しているが、当時の飛行機、とくに試作機は危険なことが多く、いつ事故で命を失うかもしれない不安がつねにあった。とくに他で事故が起きた場合、その原因をしらべるために事故のときと同じ飛び方をしなければならない場合があり、そんなときは命がけとなる。

零戦の空中分解事故で殉職した空技廠飛行実験部の下川万兵衛大尉の場合がそうだったが、岡本も似たようなケースで危うく命をおとしかけたことがあった。

川西でつくった二式大艇が、配備された横浜航空隊で事故を起こしたことがあった。夜間飛行に飛び立った大艇が、フラップをいっぱい下げたまま離水するという誤動作で墜落し、乗員全員死亡という惨事となった。

離水滑走中の二式飛行艇（大艇）。陸上機なみの厳しい海軍の要求性能にこたえて〝飛行艇の川西〟が開発した傑作大型飛行艇。写真は試作機で、背景には川西の甲南工場が見える。

そこで会社は同じ状態でテストすることを森川と岡本に命じた。

森川の入社は岡本よりずっと遅く、昭和十八年に入ってからだったが、川西では担当が飛行艇と陸上機に分かれていたため、「紫電」をやっていた岡本は二式大艇操縦の経験がなかった。それを聞いた森川が、

「会社のパイロットが、その会社でつくる飛行機を飛ばせられないようでは話にならん。俺が教えるからやってみろ」

といって、岡本を機長席に座らせ、離水から着水までほとんど手を出すことなく教えた。

〈さすがは名パイロット〉

教え方もさることながら、かつての教え子を信頼して動

じないその大胆さに、岡本は畏敬の念をおぼえた。

岡本が入社早々のころ、川西では二式大艇の前の九七大艇が量産に入っていた。岡本の担当は小型機だったが、会社もだんだん忙しくなって、飛行艇は知らないといってはいられなくなり、太田の指導で九七大艇の操縦を教わったことがあった。

試験飛行のたびに岡本は副操縦席に座らされ、動力レバーの操作から習ったが、その教え方は荒っぽく、手を出せばまずいといって払いのけられ、手を出さないと叱られるといった有様で、どうしていいかわからないほど絞られた。

教え方にもいろいろあり、人によってずいぶん違うものだということを岡本は知った。

さて森川と岡本、いわば師弟コンビは二式大艇の操縦席に座り、指示どおりフラップを最大角度に下げたまま離水態勢に入った。

強大な揚力により、大艇はまるで機体を海面から引き抜くような勢いで飛び上がり、急角度で上昇しようとする。

そのまま上昇をつづけると翼の迎え角が大きくなり過ぎ、失速して墜落してしまう。

「二人がかりで操縦輪を力いっぱい前に押す。それでも機は頭を上げ、奔馬の勢いでぐんぐん上がる。それをだましながらフラップの角度を減らしてゆき、やっとの思いで平常の上昇姿勢に戻した。テスト終了後、森川さんは、『もうこんなテストは二度とやらん』と黙りこくってしまった」（岡本『テスパイ人生』）

さすがの森川もキモを冷やしたらしいが、ふつうの場合でも離水時の操縦のむずかしさは、高性能の二式大艇にとって最大の泣きどころだった。

事故が頻発した「紫電」のテスト

「紫電」試作機。新機軸の二段式引込脚や、エンジン、プロペラなどの不調があいついだ試作機のテスト飛行には、つねに危険がつきまとい、川西のパイロットたちをおびやかした。

しっかりと制式になった飛行機ですらそうだったから、試作機ともなればいつ何が起きるかわからないこわさがあり、「紫雲」「強風」につづく「紫電」もまた例外ではなかった。

とくに「紫電」の特長の一つだった新機軸の二段式引込脚は、恐怖のたねだった。

岡本は三回ほどこの脚柱が伸びなかったり、伸びてもロック不良で縮んだりする故障で着陸事故を経験しているが、ブレーキの効きの悪さとともに、のちに部隊配備になってからも脚関係の故障による着陸事故はあとを絶たず、機体の破損だけでなく命を失った「紫電」搭乗員も少なくなかった。

こうした機能上の不具合だけでなく、試作機にありがちな工作や整備のミスが原因の事故も、テストパイロットたちをおびやかした。

のちに「紫電」が量産化されて姫路工場でもつくる

ようになったときのことだが、岡本が各種のテストを終えて着陸に移ろうとしたとき、右脚が出ていないのに気づいた。着陸をやめ、何度も脚上げ、脚出し操作をやってみたが出ない。作動なかばで動かなくなってしまい、油圧も上がったままだった。

こんな場合、いったん機首を下げて降下し、急激に引き起こすと強いGで脚が振り出されることがある。それを何度かこころみたが、やはり駄目。あきらめてそのまま着陸しようと決心したが、最悪の場合を考えて記録板に機体の状況と自分のとった処置を詳細に書いて投下し、度胸をすえて片脚着陸態勢に入った。

緊急脱出にそなえ肩バンドをはずして腰バンドだけとし、接地寸前に主スイッチと燃料コックをオフにし、機体を左に傾けて左脚だけで接地した。

「うまく接地したと思ったら次の瞬間、右翼が地面に接触して右にほぼ九十度振りまわされ、次に左脚が折れて真横に横滑りした。砂煙の中でいつの間にか左翼の上に飛び出している自分を見いだした。その素早さにわれながら感心したものだ」（岡本『テスパイ人生』）

脚上げ支柱に油圧パイプが引っかかり、操作不能になったのが原因だったが、離陸後に風防を閉めたとたん、風防が吹っ飛んだこともあった。原因は緊急脱出レバーのピンがレールから外れていたせいだが、飛んだ風防が尾翼にあたって昇降舵をいたずらし、岡本によれば、「ひょこん、ひょこんと踊りながら」着陸する羽目になったという。

「紫電」では岡本だけでなく、乙訓と岡安の二人も危ない目にあっている。

ずっとあとになって、「紫電改」の生産準備のため「紫電」の生産が新設の姫路工場に移ったころの出来事だが、完成機のテスト飛行中にプロペラが無くなってしまったことがあった。

すぐにエンジンのスイッチを切って滑空に入ったが、なにしろ翼面荷重の大きい「紫電」がグライダーになったのだからたいへんだ。さいわい乙訓飛行士の沈着な操縦で、姫路の海軍飛行場にすべりこみ、かろうじて航空隊の端にあった池の手前で停止してことなきをえた。あとでしらべたところ、原因はプロペラ軸先端を覆っているスピンナーにあった。スピンナーはプロペラ基部に接する部分にすき間があると、回転が上がるにつれてスピンナー内部の空気が遠心力で外側に放出されて振動を起こすので、ブレード（羽根）の付け根付近を二つ割りのスペーサーではさんですき間をふさぐようになっていた。どうやらそのスペーサーの取り付けが悪かったか何かではずれたらしく、遠心力で外方に飛んだのがブレードの一枚に当たって少し曲げたため、プロペラ全体のバランスがくずれた。それがひどい振動を誘発してエンジン減速ギアから先がこわれ、プロペラごと吹っ飛んでしまったものと推定された。

岡安も鳴尾工場で同じような経験をしているが、岡本にいわせれば、「老練なのか、幸運なのか」、この五人の川西テストパイロットたちはともかく無事であった。

「誉」エンジンの苦難

〝見切り発車〟で制式化

新機軸の二段式引込脚とともに「紫電」試験飛行の足を大きく引っ張ったのは、「強風」

の三菱「火星」に代えて新たに採用された中島の「誉《ほまれ》」エンジンだった。

本来、新開発のエンジンは、むしろ古い機体を使ってテストし、新しい機体にはできるだけ素性のわかった、実績のあるエンジンを積むのが理想である。

つまり、エンジンの開発が、機体の開発に先行するのが望ましいのだ。

機体、エンジンともに新しい未知のものだと、トラブルが相乗されて肝心の機体のテストが、いちじるしくおくれてしまう。

外国だって、かならずしも理想どおりだったわけではないが、機体にくらべてエンジン技術がおくれていたわが国では、どうしても実績のない新開発のエンジンに頼らなければならなかった。

もちろん海軍では、新しい試作機に、試作中のエンジンを積むことは避けるようにしていたし、「誉」はすでに審査を終わって制式採用になっていたから、かならずしも未完成のエンジンとはいえない。しかし、優秀なエンジンが欲しかった海軍が、画期的な「誉」の性能にほれこんで制式化を急ぐあまり、徹底したトラブル解決をやらないうちに〝見切り発車〟をやってしまったきらいがあった。

零戦や「隼」に積んで、すばらしい実績と信頼性を示した「栄《さかえ》」発動機の流れをくむ「誉」は、かずかずの新機軸設計によって、十八気筒二重星型二千馬力エンジンでありながら、正面面積は「栄」とあまりかわらないという、コンパクトな設計それ自体はすぐれたものだった。だが、高い設計要求をみたすのに必要な、高回転に耐える軸受け、特殊鋼鍛造品のクランク・ケース、肉薄の冷却ファンをもったシリンダー・ブロックなど、材料やこれらを加工する工作機械類の不足、それにキャブレター、点火プラグ、各種の電装品など、エンジンの脇役ともいうべき補機類の性能が、「誉」の高性能に追いつかず、不具合要因はいくらもあった。

官民一体の開発

「誉」の試作一号機が完成したのは、昭和十六年三月末で、予想されるアメリカ、イギリスとの戦争にそなえて日本が総力をあげて軍需生産に拍車をかけていたときである。

この「誉」は、中島飛行機荻窪工場にいたエンジン設計者中川良一技師（東京都杉並区）が中心になって開発したもので、中川は平成四年に刊行された海軍空技廠発動機部第一工場会の会報「夏島去来」の中で次のように述べている。

「昭和十五年五月頃、空技廠の和田操廠長（中将）以下の将星が海軍航空本部の渡部員と荻窪に来られ、『官民をあげての重要な開発である。太平洋の運命を決することになると思うから、全力をあげて完成してほしい』といわれた。

田中修吾海軍監督官、中島社長以下エンジン関係の会社側幹部および設計担当の私も同席して、責任の重大さを感じたことをはっきりと覚えている。その後、設計、試作、実験、社内耐久試験など、官民の緊密な協力で計画どおり順調に進み、昭和十六年六月末には社内三百時間耐久試験も終わった。

搭載する飛行機も陸軍の「疾風《はやて》」を含めて海軍の多くの新鋭機が決まったが、空技廠に移されて発動機部第一工場で官側の耐久試験がはじまった矢先の十二月八日、日米開戦を迎えたときはまったく驚いた。太平洋決戦機といわれたエンジンが生産準備にこれから入ろうとしているのに、こんなに早く開戦するとはどういうわけかわからず、だまされたような気になった」

海軍からおエラ方が中島飛行機荻窪工場にやってきたとき、このエンジンの高性能を実現するのに必要な耐熱材料、良質の燃料およびオイルの供給見通しについて中島側から質問したところ、空技廠長の和田中将は責任をもって供給することを確約したが、戦争がはじまるとそのとおりにはいかなくなった。

小型、高出力の「誉」は、ふつうのエンジンよりも回転数や圧縮比を上げて馬力をかせぐという、自動車でいえばスポーツカーやGT用エンジンの性格を持っていた。当然、使用燃料もわが国としては最高の九十二オクタン・ガソリンを予定していたし、潤滑オイルも高性能に見合う良質のものを使うことになっていた。

はじめのころは、この要求もみたされたが、悲しいことに資源のとぼしいわが国では、「紫電」が飛びはじめる昭和十八年ころになると、良質なガソリンやオイルの確保はむずかしくなっていた。

このため各シリンダー温度が一定にならず、不均一な爆発からエンジンが振動する。潤滑油不足からエンジンが焼きつく。これを防ぐため油圧を上げると、こんどは油もれを起こすといったトラブルが続出した。

いってみれば「誉」は、神経質なむずかしいエンジンで、ラフな使い方をされる実用機に使うには、まだまだ体質改善が必要だったのである。

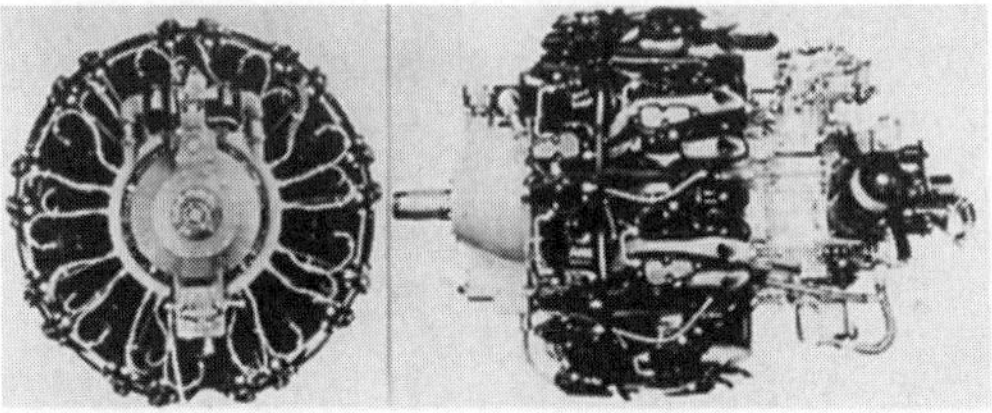

「紫電」「紫電改」に搭載された「誉」二一型エンジンの正面(左)と側面。小直径・大馬力の優れた設計だったが実用性に問題がありトラブルが多発、新鋭機開発のネックとなった。

新しい第一線用主力試作機のほとんどに採用を決めていたのをみてもわかるように、海軍はこのエンジンに過大な期待をかけ、完成を急ぎすぎた。
時間をかせぐ場合、試作機を何台もつくって各種の試験を並行して進めればいいのだが、戦争がはじまって現用機に使われるエンジンの生産に追われ、それができなかった。

そこで、やっと一台できあがった試作機で、性能測定、耐久運転から飛行試験までまかなわなければならない。もしこれをこわすと、つぎの試作機ができるまでテストは中断し、完成がおくれる。かけがえのない貴重品とあって、こわれそうなおそれのある過酷なテストにはどうしてもおよび腰となった。

会社側がそうなるのはわかるが、審査する海軍側担当者までがそうなってしまった。

「失敗は許されない。絶対に制式採用とせよ」

上からそういわれていた空技廠発動機部の担当者たちは、当然ながら早い段階から会社側と一体になって開発にはげみ、心情的には、審査する側というより開発当事者といっていいくらいだった。

「われわれはあまりにも『誉』に首を突っこみすぎ、愛情を持ちすぎた。このために、冷静な客観的判断に欠けたきらいがあった」

当時、空技廠にあって「誉」の実用化を推進した松崎敏彦技術少佐の言葉が、それを物語っている。官民一体の開発の、むしろマイナスの面が出てしまった。

ともあれ、あとになって起きたトラブルの多くを、実用化以前に食いとめられなかったのは、こうした逼迫《ひっぱく》した当時の事情によるものである。

当時、エンジン技術者たちの間では、多少の揶揄《やゆ》をこめて、「機体は三ヵ月、エンジンは三年」といわれていた。つまり機体にくらべてエンジンの方が完成に時間がかかるという意味だが、それをいっしょに組み合わせたところに無理があり、「紫電」の試験飛行はエンジンのトラブルでしばしば中断を余儀なくされた。

「これではまるでエンジンのテストみたいなもんや」

そんなぼやきも出るほどだったが、エンジンとともにプロペラも問題が多かった。

「紫電」には、それまでのアメリカ系のハミルトン定速式にかわってドイツ製のＶＤＭプロペラを採用していたが、電気式の可変ピッチ機構の作動がわるく、これもテスト進行を阻害する要因となった。

このほか設計の基本にかかわる問題として前下方の視界不良なども指摘され、「紫電」の前途は多難を思わせたが、「紫電」の早期前線投入の必要性は逆に高まっていた。

海軍の焦り

日本海軍からガダルカナルの飛行場をうばった連合軍は、島づたいにじりじりとわが前進基地を攻略する一方、この方面のわが海軍のもっとも重要な航空基地である、ラバウル（ニューブリテン島）やブイン（ブーゲンビル島）にたいしても、連続して攻撃をかけるなど、激しい消耗戦を強いてきた。

なにしろアメリカは、一九四四年（昭和十九年）末までに航空母艦八十五隻を保有し、一九四三年度末には、飛行機十二万五千機を生産する計画を発表していた。これにたいし、わが日本は、空母は数分の一で、それもほとんど改装空母ばかり、飛行機にいたっては同期間に生産された実数は、陸海軍あわせて二万機にみたないありさまだった。

このころ、ソロモン方面の日本軍最大の基地ラバウルも、あいつぐ飛行機と乗員の消耗で昔日のおもかげなく、開戦いらい零戦隊をひきいて、つねに勝利の最先端を突っ走ってきた豪勇柴田武雄大佐（二〇四航空隊司令）も、「ここには、零戦三千機をこなせる優秀な整備員がいるのに、肝心の飛行機がない」と、来襲する敵機にたいして、つねに圧倒的スコアで勝ちながらも、補給と補充がつづかないために急速に低下する戦力に、憤懣《ふんまん》やるかたないありさまだった。

ちなみに、昭和十九年二月、最後の航空部隊がラバウルを引き揚げるまでの一年あまりの間に、日本海軍がこの方面で失った飛行機は約六千機にたっし、これは開戦時保有していた航空兵力の約三倍に相当した。これに陸軍機の損害を加えると、その数はさらに大きなものとなる。

また、おなじ期間に、これとほぼ同数か、それ以上の飛行機搭乗員が失われており、その中にはかけがえのないベテランも多くふくまれていただけに、以後の航空作戦の遂行に重大な支障をきたすようになった。

量ばかりでなく、質の面でも連合軍側の進歩は目ざましいものがあり、ぞくぞく新鋭機を投入してきた。

ヨーロッパではホーカー「タイフーン」、P47「サンダーボルト」など、二千馬力、時速六百五十キロ級の戦闘機が活躍し、太平洋戦線でもF4U「コルセア」、F6F「ヘルキャット」、P38「ライトニング」などが威力をふるいはじめていた。

爆撃機もB17、B24、B25、B26などが装甲、武装を強化して撃墜しにくくなり、新鋭のTBF「アヴェンジャー」などが加わった。

超大型爆撃機B29やB32の存在はすでにわが国にも知れわたり、その出現は、時間の問題とみられていた。

これにたいするわが航空兵力の主力であった海軍機は、開戦当時とほとんどかわらず、零戦にかわるべき「雷電」および「烈風」、九七艦攻にかわる十四試艦攻「天山」、十六試艦攻「流星」、九九艦爆にかわる十三試艦爆「彗星」、一式陸攻にかわる十五試陸爆「銀河」（いずれも「試製〇〇」などとよばれていた）などは、いずれも試作、あるいはテストの段階であり、わずかに陸軍が、海軍よりひと足はやく「誉」をつんだ四式戦「疾風」と、九七重爆や百式重爆にかわるキ六七（のちの四式重爆「飛龍」）を完成、その増加試作機がぼつぼつ飛びはじめて、待望の〝大東亜決戦機〟などとよばれていたものの、いずれも今日の戦場には間に合わず、新鋭機開発のおくれはあきらかだった。

そして昭和十八年（一九四三年）の夏、中部太平洋のギルバート諸島に米機動部隊が来襲した際、零戦にとってもっとも手ごわい敵となったグラマンF6F「ヘルキャット」が出現しているだけに、もしこの時期、タイミングよく好調な数百機の「紫電」を前線に投入できたら、と考えれば、川西の前原副社長ならずとも歯がゆい思いをするのは当然だろう。

焦った海軍は、昭和十八年七月に「紫電」試作一号機を領収して本格的な審査をはじめる一方、悪いところはつくりながら直していくということで、とりあえず川西に量産にはいるよう命じた。

夢の実現——自動空戦フラップ

空戦性能向上への要求

「高速性をそこなうことなく、空戦にも強くなる自動空戦フラップが欲しい」

草鹿横須賀航空隊司令じきじきの要請に、会社にもどった強度試験場係長の清水三朗は考えた。

〈C_L—C_D〉揚抗曲線の包絡線をたどるようにフラップを動かすのが理想だが、それを何によってピックアップするか、運動の計算方法、必要な操作速度などがわからない。そこで清水と「強風」連絡係の足立英三郎技師、それに空技廠飛行実験部水上機班の船田正少佐と三人で相談し、はじめの二つは清水が、あとの一つは船田少佐がそれぞれ分担し、一ヵ月で成案をつくることになった。

空戦中、フラップを自動的に出し入れさせる方法として清水が最初に考えたのは、速度計のベローと荷重計を直角に組み合わせてn（荷重係数＝G）／q（動圧＝速度）、つまりC_L計をつくり、このC_Lとフラップ角をカムで連動させるという方法だった。

清水はこれを海軍に提案したところ、海軍では空技廠計器部で試作することになり、いったん清水の手から離れた。

今ならたちどころにできてしまう飛行機の運動の計算も当時は大変で、一回の宙返りの計算をするのにまる一日かかった。数学好きの清水は何とかもっと簡単な計算はないかと考えた末、専門的にいうと〝条件固定の偏微分方程式〟に変えて二時間で結果が出せるようになった。

「紫電」試作機が飛びはじめた昭和十八年二月、空技廠での「強風」飛行試験結果をまとめた「審査報告」が会社にとどいたので、設計課各係主任会議が開かれた。

「二式水戦より高速ではあるが、空戦性能が劣るので、このままでは二式水戦に取ってかわるものにならない。飛躍的な空戦性能の向上が必要と認む」

空技廠の「審査報告」の所見にはそう書かれてあり、「強風」の行く末が案じられるような内容であった。

要するに手動の二段式空戦フラップ程度では、空戦性能の向上は不充分で、それは新しい「紫電」についても当てはまることだった。

長引く「強風」の審査に少々いや気がさし、むしろ「紫電」に力を入れていた人たちは、「強風」が不採用になりかねない「審査報告」にたいして、なかば諦めの気持を抱いたが、そんな会議の雰囲気を引き締めるかのように、企画課長河野博技師が発言した。

「もし不採用になったところで、しょせん『強風』は機数が少ないだろうから、もし駄目になっても影響は少ないが、『紫電』はすでに二千機ぶんの手配をしてあるので、これに影響するとなると事は重大だ」

川西航空機鳴尾工場でテスト飛行に出発する「紫電」試作6号機。カウリング前面下部に潤滑油冷却空気取入口が開き、量産型の形状に近くなっている。主翼と機首の機銃は未搭載。

まだ試作機が飛びはじめて二ヵ月もたっていない「紫電」は、海軍が期待しているとはいえ、この先どう展開するかわからない。しかし、現下の戦局からして、もし採用となれば海軍はすぐにでも数を欲しがるだろう。それに応《こた》えるためには、リスクをおかしてでも先に生産の手を打っておかなければならない。

当然、生産に着手するまでにはかなりの設計変更が予想され、そのぶんの手配はムダになるが、そんなリスクも覚悟の上であった。おそらく、根っからの経済人である川西龍三社長なら、いくら愛国者でもこんな無謀なことは許さなかっただろうが、このころ会社の経営の実権を握っていたのは、海軍から来た元中将の前原副社長だった。

「千円を一円と思え。足りなくなったら、どんどん日本銀行に刷らせればいい」

川西社長が目をむくようなことを平然といい、設備をふやし人を入れる前原には〝社運〟など眼中になく、〝国運〟に賭ける気持が強かったのではないか。

「強風」はともかく、「紫電」に影響するという河野の発言で、皆黙ってしまったが、「強風」「紫電」の設計側の連絡係をしていた兵装係主任の足立技師の発言がそれを救った。

「方法は一つだ。清水主任の自動空戦フラップを一日も早く完成し、空戦性能を画期的に向上することだ」

すぐれた着想

その翌日、設計課電気係の田中と仲はつれだって強度試験場に行った。タバコが吸いたくなり、いつものように規則のやかましい設計室を抜け出して来たのであった。

うまそうにタバコをくゆらす二人を見つけた清水がいった。

「君ら、タバコばかり吸っておらんと、われわれの手づくりでできるn／qのうまい検出法でも考えたらどや」

自動空戦フラップのメカニズムについては、先の二段式手動空戦フラップいらい田中も仲もつねに念頭を去らないことだったので、清水と話し合ったあと設計にもどって本格的に検討をはじめた。

そこで仲が提案したのは、製作を容易にするため、彼が以前からいっていた、速度の検出に空ごう（蛇腹）式の速度計より動きの大きいマノメーター（水柱圧力計）を使うことであった。この提案を検討するうちに、マノメーターの水柱内の水の高さは圧力（q）／荷重係数（n）を指示するので、そのままm／qの検出に使用できることに気づいた。これで検出装置が容易に製作できることがわかった。これはいい着想だった。

翼面荷重の小さい二式水戦に空戦フラップを使って対抗しようとした「強風」が勝てなかったのは、旋回時の飛行機の速度（＝q）やG（＝n）が時々刻々変わるのに、フラップは二段階にしか変わらないからどうしても抵抗が大きくなり、そのぶんスムーズにまわれなかったせいだ。

旋回圏の外側に振り出された「強風」のうしろに、二式水戦はらくに取りついてしまい、「ハイ、撃墜」となるのだ。

これを避けるには、フラップの下げ角は、失速しない範囲でいつも最小とする。いいかえれば、あらゆる飛行状態で空気抵抗を最小に、しかも必要な揚力を得られるようにすればよい。

しかし、空戦中のパイロットは忙しい。片手は操縦桿、片手はエンジンのスロットルレバー、そして眼は敵をねらって照準器に釘づけだから、とてもフラップ操作にまでは手も頭もまわりかねる。だから空戦フラップは、どうしても自動でなければならないのだ。

マノメーターを使用することでセンサーの問題はメドがついたので、次はフラップを動かすアクチュエータに指示を出す指令装置をどうするかだが、設計で考えたのは、水銀を使うことだった。

速度計用のピトー管と水銀の入った容器を結んでおくと、飛行機の速度に応じたピトー管からの圧力で水銀が水銀柱内部で押し上げられる。もしG（＝n）がかかると、水銀柱内の水銀の高さがnに反比例して低くなる。

この水銀柱内に段ちがいに電極を二本入れておくと、水銀柱の高さによって、二本とも水銀に触れている場合、一本しか触れていない場合、二本とも触れていない場合の三とおりの状態ができる。これをそれぞれ、フラップ上げ（第8図③）、静止（同②）、下げ（同①）としてフラップ作動のメカニズムを作動させればよい。

水銀を使ったのは、かつて寒暖計などに多く使われていたように蒸発が少ないこと、および電気をよくとおすから都合がよい、などの理由によるものだ。

フラップは油圧で動かされるが、制御装置内の油圧コックは水銀柱の中の電極の状態によって作動するマグネットで開閉されるから、パイロットは空戦開始のときにスイッチを入れておきさえすれば、フラップは完全に自動的に、速度とGに応じた最適の角度がえられ、飛行機はスムーズにまわることができる。

飛行実験成功

こうしてセンサー、指令装置、制御装置、それに油圧筒を加えた自動空戦フラップ装置が、清水の指導のもとに田中、仲、油圧担当の岡田俊明《としあき》らの手で試作品ができあがったのは、「強風」の「審査報告」が出て自動空戦フラップ開発の必要性が叫ばれてからわずか三ヵ月後の昭和十八年五月だった。

まず地上試験で作動を確認したのち、岡本飛行士の操縦で飛行実験が行なわれたが、最初の飛行では指令装置に不備があって、失速状態になるまでフラップが下がらなかった。すぐ

第８図　自動空戦フラップの作動原理

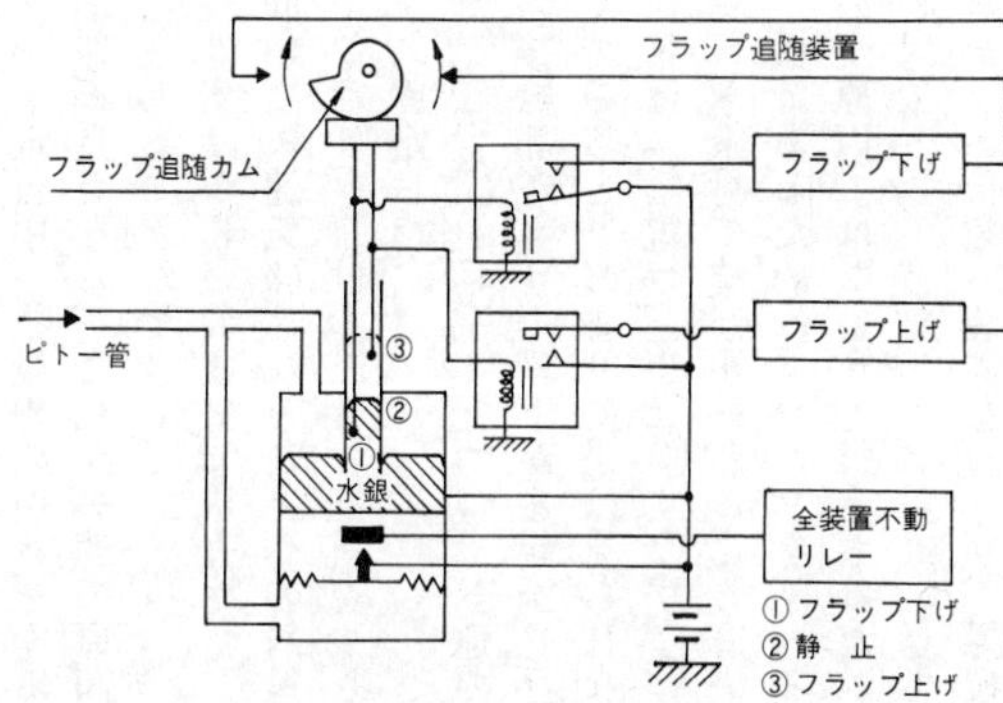

対策を実施して二回目のテストを行なったところ、計画どおりの速度で自動空戦フラップが作動することが確認された。

この日は六月五日、ちょうどソロモン戦線で戦死した前連合艦隊司令長官山本五十六元帥の国葬の日で、空戦フラップ開発関係者たちにとっては二重に忘れられない日となった。

水平飛行試験によって作動の確認と基礎的なデータの収集を終えると、いよいよスタント（曲技）飛行試験に入った。

「強風」は一人乗りの戦闘機だから計測や記録をする人間を乗せられないので、操縦席の後ろに小さな計器盤を増設してロボットカメラを置き、必要に応じてパイロットがフラップ作動中の諸元を撮影できるようになっていた。

スタント飛行試験は急旋回、宙返りの順で行なわれ、地上からもフラップが作動しているのがわかったが、旋回を終わるころ、ときどき失速する様子が見られたのが気になった。しかし、着水後の岡本の所見は関係者たちを勇気づけた。

「スタント飛行中、操縦桿の引きをゆるめて加速状態にしたとき、フラップの上げが遅れ気味で加速不良となる。これが失速の原因だが、そのとき操縦桿を押し気味にしてやればスムーズにまわることができる。

これはすばらしい装置になるよ」

旋回中に失速気味となることへの対策はすぐに実施された。

まずフラップ下げのときの抵抗を少しでも減らすため、子フラップが作動しないよう親フラップに固定した。

「紫雲」「強風」「紫電」とつづく一連の高翼面荷重小型機には、高揚力をあたえるためフラップの後縁部がもう一段下がる親子フラップが採用されていたが、こうして子フラップ固定で飛んでみると、あまり効果は見られなかったが、離着水にも問題がないことがわかったので、以後は「紫電」「紫電改」もふくめて子フラップは廃止された。

スタント飛行で旋回が終わるころに失速気味になるのは、その後の打ち合わせで、「強風」が水上機であるため、フラップを下げると頭上げになるよう陸上機とはちがう工夫がされているのが原因ではないかと推定された。

その対策として、フラップ角に応じてスプリングで操縦桿を前方に引き、適当な頭下げの手ごたえをあたえる装置をつくり、操縦装置の腕比変更装置を利用して、自動空戦フラップを使うときだけこれが作動するよう取り付けた。

この効果はてきめんで、以後スタント飛行での失速の恐れはまったくなくなり、連続宙返りも容易になった。この結果、自動空戦フラップの有効性が認められ、試作品のままでいいからすぐに生産し、以後領収する「強風」にはすべてこの装置を取り付け、「紫電改」試作機にも装備してテストを行なうよう指示された。

「紫電」への装備と改良

試作の自動空戦フラップ装置は、実験的につくったものであり、見た目も悪いうえに形が大きかったので機体内の装備位置が限定され、整備にも困るところから、仲と岡田が量産型として設計し直すこととなり、清水と田中が「紫電」の実験担当になった。

さっそく、「強風」と同じ要領で地上試験を行なったところ、フラップがどの角度でも安定せず、激しいハンチング（ブレること）を起こした。

「強風」ではまったくなかったことなので、さっそく原因を検討したが、問題は「強風」用の装置との唯一のちがいである、制御装置の油圧系統の無負荷弁を取り除いた点にあるのではないかと想像された。

水上機の「強風」とちがって陸上機の「紫電」では、フラップ操作だけでなく、脚の上げ下げにも油圧が使われるため、蓄圧器を設けて無負荷弁を取りはずしてあった。そこでフラップ操作系統を蓄圧器の系統から切り放し、制御装置に無負荷弁を取り付けてふたたび地上試験を行なったところ、今度はハンチングが完全になくなった。

ほかにも細部の改良が加えられ、空中試験をやってみると作動はスムーズで、しかも「強風」のような空気抵抗の大きいフロートをぶら下げていないぶん、旋回性もはるかに向上した。

水上機と陸上機によるちがいはほかにもあった。自動空戦フラップを装着する前の飛行試験で、「紫電」はフラップを下げると頭下げの傾向があることが確認されたので、「強風」につけられていた操縦桿の応答補正装置はいらなくなった。

ちょうどこのころ、競馬場をつぶして建設中だった鳴尾飛行場が完成し、伊丹飛行場でテストをやっていた「紫電」三機が、海軍と会社のパイロットによって空輸されて来た。「紫電」は七月四機、八月六機、九月十一機のペースで増加試作機がつくられていたが、この三機はその最初の機体で、まだ鳴尾飛行場が完成していなかったため、伊丹まで海上と陸路をとおって運ばれていたものだ。

鳴尾飛行場への着陸第一号パイロットとなったのは、海軍側の「紫電」実験担当志賀淑雄大尉だった。

零戦が長かった志賀は、三菱や中島飛行機とはちがった川西の人たちのひたむきさが気に入っていた。菊原もいっているように、彼らは海軍のパイロットのいうことに熱心に耳を傾け、そこから少しでも多くのものを学びとろうとする真剣さが感じられたからだ。

〈目の色がちがっている〉

かねがね志賀はそう感じていたが、その川西の技術者たちがつくった「紫電」に、新たに装備されるという「自動空戦フラップ」に多くの期待を抱いての着陸であった。

自動空戦フラップの装着が終わった数日後、装着した機体とそうでない機体との間で模擬空戦が行なわれた。

装着機に乗るのは志賀大尉、未装着機が会社の乙訓飛行士で、夏空に舞い上がった二機は壮大な積乱雲をバックに空戦に入った。

翼をひるがえすたびに強い陽光に反射して翼がキラリと光り、練達の二人によってくりひろげられる空戦の妙技に、見上げる人たちの口から思わず嘆声があがった。

「見ろ、後ろについているのは志賀大尉の飛行機だ」

地上から見ても装着機の優位は明らかで、どんな態勢からでも志賀の「紫電」が乙訓機の後ろに取りついた。

地上に降り立った志賀大尉は上機嫌だった。

「いい。文句なしだ。

自動空戦フラップを使うと、すぐに後ろについて射撃態勢がとれる。これなら敵のどんな新鋭機とやっても負けないだろう。いいものをつくってくれた」

そういってほめたが、志賀の報告で「紫電」の領収機は最初から自動空戦フラップを装備することになった。

コンパクトになった量産型

自動空戦フラップは、その後さまざまなトラブルはあったものの、しだいに改良されて良くなり、部隊配備になってから整備の不慣れで作動不良を起こしたときも、川西から田中技師らが行って直し、「紫電」および「紫電改」の空戦能力向上に大きく貢献した。

そのかなめともいうべき指令装置は、内部にある水銀柱の中で水銀の上下する間隔が、フラップ角度零度から三十度にたいしてわずか六ミリか七ミリというきわめて精密なもので、仲たちはこれを片手に乗るくらいのコンパクトな大きさにまとめた。そして機密保持のため、不時着の際などには取って捨てられるよう、パイロットの手のとどく範囲に取りつけられていた。

戦後にわかったことだが、アメリカの戦闘機で、この種の装置を使っていたものは、ひとつもなかった。空戦中にフラップを使うものはあっても、ただ下げっ放しにしておくだけだったようである。

この自動空戦フラップの効果について、ある「紫電改」のパイロットは、つぎのようにいっている。

「空戦中、たとえば機を引き起こしたあと、左に旋回しようとして機を急激に左に傾けると、迎え角の大きくなった右翼が失速してガクンと機が右の方に傾くことがあった。

自動空戦フラップを装備した『紫電改』では、このとき右翼を見ていると自動的にジワリジワリとフラップが下がってきて、それにつれて機が一歩一歩、旋回圏の内側へと食い込んでいく。急激な操作にも耐えられ、まことに乗り心地がよかった。このおかげで零戦より速力が出ると同時に、格闘性能も零戦に近いものを保つことができた」

昭和十八年十一月五日の会社創立記念日に、自動空戦フラップ装置開発の功で清水、田中ら開発関係者は社長表彰を受けた。また毎日新聞の日本号世界一周記念の昭和十八年度表彰で、機器部門の賞である「長尾賞」を清水の名で受賞した。

なお、先に清水が提案して海軍で試作することになった自動空戦フラップは、三菱の十七試艦戦「烈風」にも装着されたが、「烈風」そのものが試作機だけで戦争が終わってしまったので、その効果のほどは不明だ。

第三章　俊翼飛ぶ

「紫電改」誕生

「紫電」の不調がチャンスに

「紫電」のそもそもの狙いは、新規設計の手間をはぶいて、できるだけ短期間に強い陸上戦闘機をつくりあげ、戦争に間に合わせることだった。このためには、多少の不利や不便をしのんでも、試作進行中の「強風」を改造するのが、最良の方法であった。そうすれば、設計は改造部分だけですむし、もっとも手間のかかる試作部品の製作もかなりはぶけるから、期間を大幅に短縮できる。

この狙いは的中し、設計開始から試作一号機の初飛行まで、一年足らずという、当時としては驚異的なスピードで「紫電」をつくり上げた。

ところが、この快挙にほっとしたのもつかの間、社内テストがはじまると、「強風」の設計を転用したことの無理や、完成を急いだための強行試作による不具合が、ぞくぞく出てきた。

その第一が二段式引込脚で、ふつうの引込脚でさえ経験のなかった川西が、脚の上げ下げに際して、脚柱を縮めたり伸ばしたりするややこしい構造に取り組んだのだから、故障が多かったのは当然だったし、太い胴体の中段から張りだした主翼のせいで前下方の視界が悪い欠点は、胴体の設計を変えないかぎり改善は無理だった。「火星」からのせかえた「誉」エンジン、新規採用のVDMプロペラの不調も重症で、このせいでテストが中断されることも多く、一刻もはやく戦争に間に合わせる、という最初の望みは遠のいてしまった。

もともと川西の設計者たちは、「紫電」の設計途中から「強風」の設計を転用することの無理に気づき、いずれは根本的な設計変更が必要だと考えていた。しかし、「紫電」の試作機ができ上がったばかりなのに、それをいいだすわけにはいかなかった。

果たして「紫電」はでき上がってみると、予想どおりの問題点が出たし、エンジンやプロペラの不具合もあって制式採用にいたるまでには時間がかかると予想された。とすれば、これはむしろチャンスであった。

前下方視界の不良、脚の不具合などは、低翼にすればいっきょに改善されることは明らかである。

エンジンの不調が解決する間に、急いで低翼に改造してしまおう。「紫電」は、結果はどうあれ、海軍の眼を川西に引きつけ、川西でも戦闘機がつくれることを認めさせる役割を果たした。真価は「紫電」の低翼型で示そうではないか、と彼らは考えた。

ところが、いろいろと検討してみると、単に「紫電」を低翼化しただけでは、「強風」を「紫電」に改造したときとおなじく間に合わせ的な部分が多くなり、多少の改善はできたとしても性能的にも生産上にも、新設計の魅力は少ないことがはっきりした。

胴体の太い「強風」の設計の転用では、コンパクトな「誉」発動機の、せっかくの利点が生かされない。胴体断面を「誉」に合わせてもっと細くすれば、空気抵抗がへってスピードは増すし、低翼化とあいまって、視界はさらに改善されるだろう。

川西が戦闘機設計に不慣れなこともあったが、「強風」そのものが、あまり生産性のよい設計ではなかったのに加え、この転用型だった「紫電」は、つぎ足しや応急的な改造によって複雑でつくりにくく、部品の数もやたらにふえ、日本海軍の主力戦闘機として大量生産するには不向きだった。

それに、つぎつぎと発生する「紫電」のトラブルを解決し、前線からの戦訓もとりいれるためには、少々の改造程度ではすまされない。

すると、当初の目標である短期改造計画はくずれ、ほとんど新設計にちかくなって、時間もかかるだろう。だが、時間を短縮するために、ふたたび「紫電」と同じことをくり返してはならない。たとえまわり道のようでもここは腰をすえて、根本的に設計をやり直すことだ。時間は、めいめいの努力で、できるだけ短縮すればいい。

社内の意見がまとまり、海軍もこれを認めてくれた。

低翼化の利点

「強風」の試作を一年でやり、「紫電」も一年足らずで仕上げた川西の技術陣は、「紫電改」の完成をめざして、またもや猛然とダッシュを開始した。

昭和十七年十二月末に「紫電」の試作一号機が飛行してから、わずか二ヵ月あとのことである。

直径の大きな「火星」発動機を収容するスペースに、コンパクトな「誉」を積んだ「紫電」の前部胴体は、スペースに余裕があった。上下はキャブレターやオイルクーラーの空気取入口をつけると、ほぼいっぱいの寸法になってしまうが、左右はかなり細くすることができる。

第9図でもわかるように、「紫電」は胴体の肩に相当する部分のふくらみが大きく、これがまた、前下方視界の妨げになっていた。

ここは、もともと胴体内七・七ミリ機銃を装備するスペースとして「強風」の形をそのまま受けつぎ、のちに「紫電」一一甲型（N1K1-Ja）になって七・七ミリが廃止されても機首の形状は変わらず、機銃口もそのままだった。こんどの「改」では、最初から二十ミリ四梃でいく方針だったから、この部分もけずることができる。結果的には図のように胴体前部の断面形状は、「紫電」より幅がせまく、肩の部分のやせたものとなり、川西の人たちにいわせれば〝おむすび型〟に変わることになる。

もちろん胴体後部もこれにならって幅がせばめられたので、「紫電」にくらべて、ほっそりとした胴体平面形となる。

第 9 図　「紫電」と「紫電改」の胴体断面形状の比較

操縦席の補強と主翼補助桁取付をかねる 4 番肋骨を示す。床板は、「紫電」「紫電改」ともに推力線と一致しているが、補助桁取付位置は低翼の「紫電改」は「紫電」より285ミリ下げられており、胴体断面はかなり細くなっている。

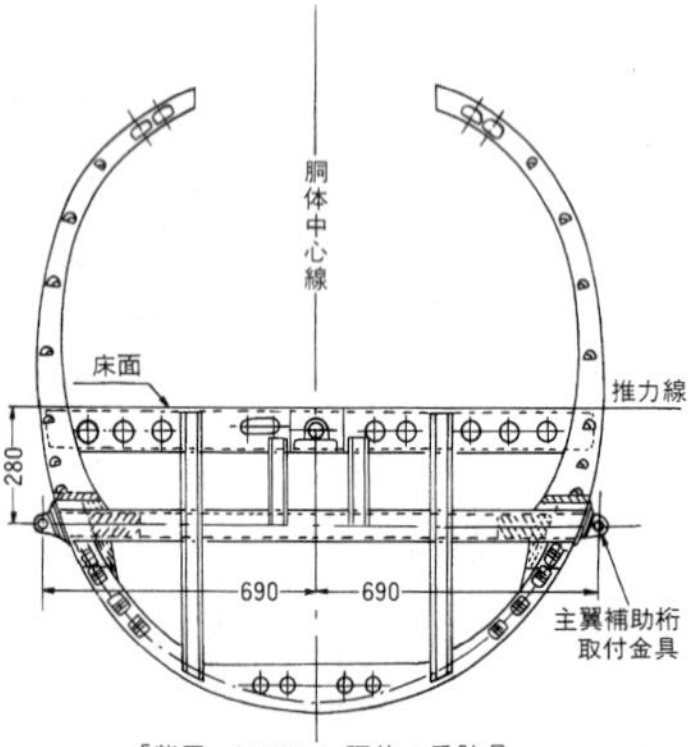

「紫電」 N1K1-J 胴体 4 番肋骨

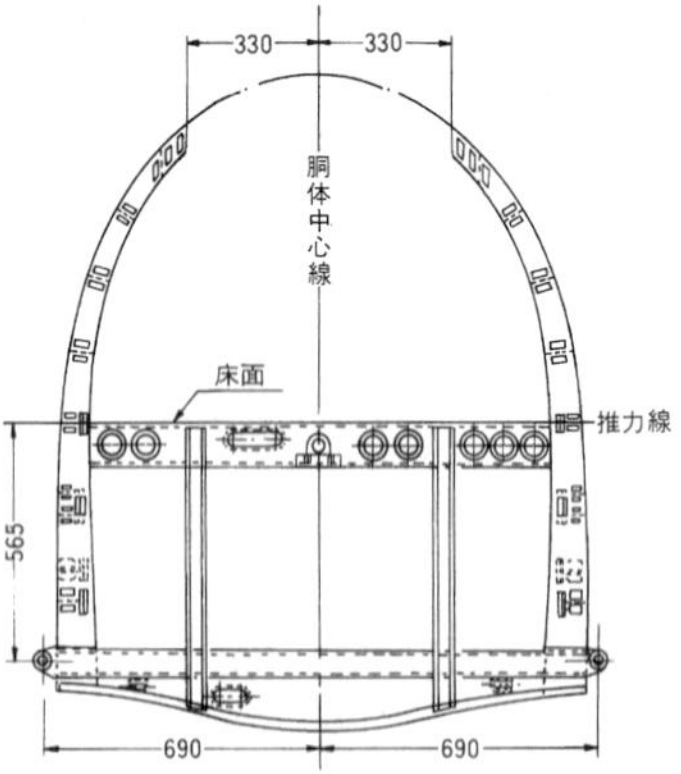

「紫電改」 N1K2-J 胴体 4 番肋骨

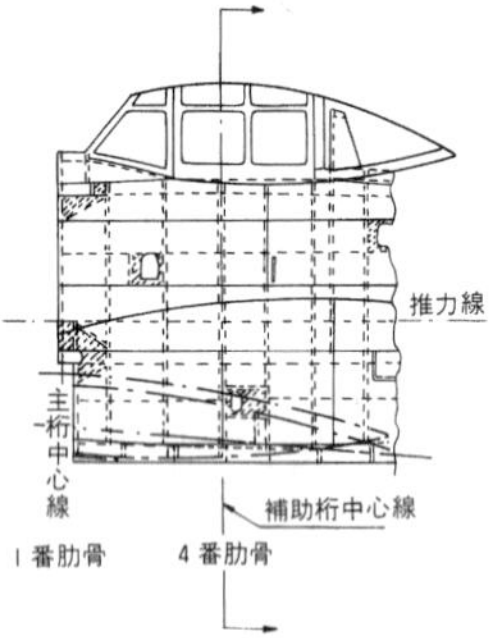

前下方視界の問題とともに、離陸の際に機体が左に向くクセがあるのも、「紫電」の欠点のひとつだった。はじめは、離陸時のエンジン全開によって発生した強力なプロペラ後流と地面とが空気的に干渉する地面効果によるもの、と考えられていたが、風洞実験で調べてみると、ねじれながら吹きおろすプロペラ後流が、ちょうど尾部のあたりで左側面から吹きつけることが原因だとわかった。

第10図　「紫電」から「紫電改」への胴体の変化

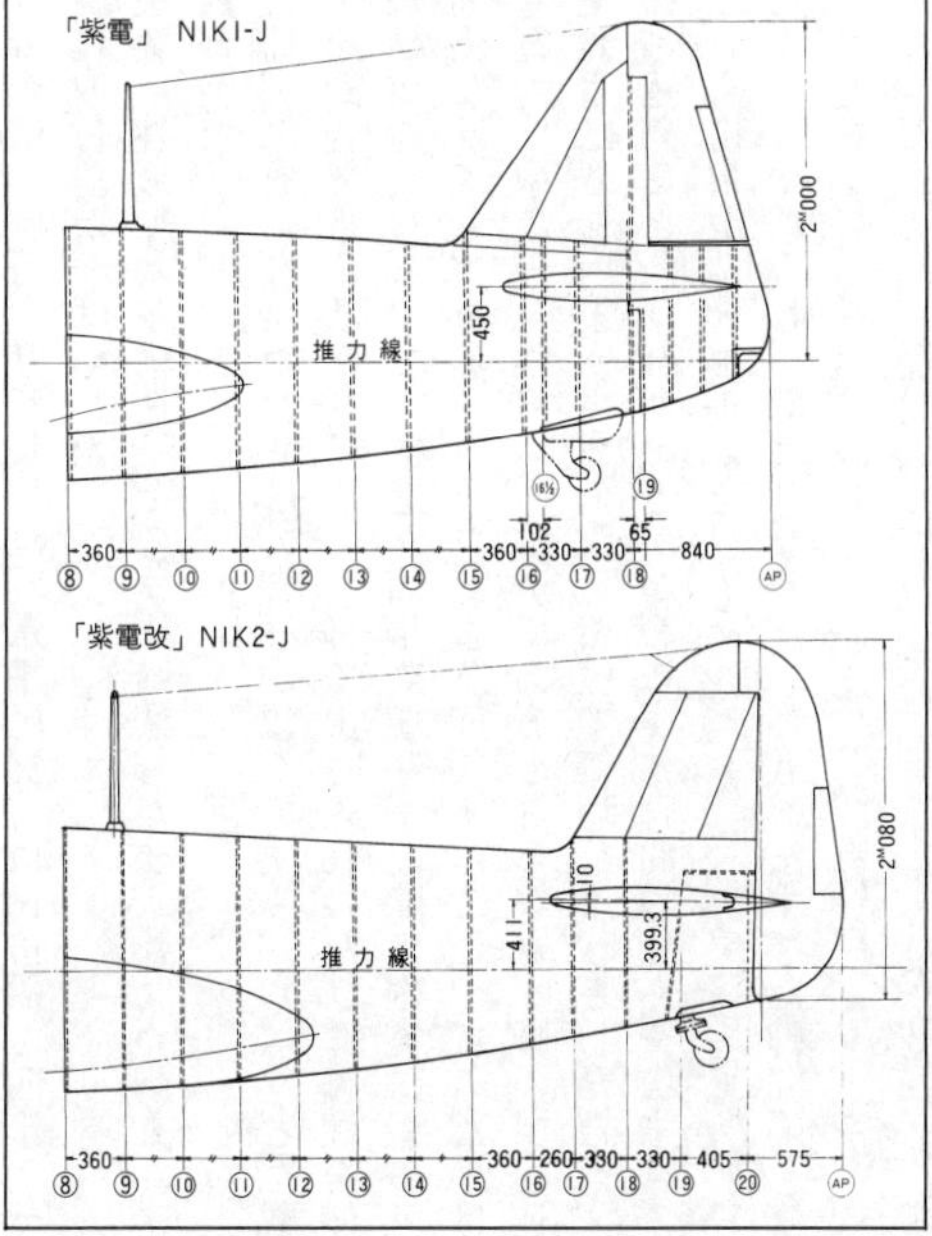

そこで断面形状の変更だけでなく、胴体そのものも延長して垂直尾翼を後ろに下げ、方向舵は胴体下面まで伸ばして面積をふやした。こうした尾部の変更によって、「強風」いらいの難点だった離陸時の左旋の癖は改善され、さらに射撃の際の方向安定性も向上した。

実際には、第10図のように胴体は前後部の継ぎ目、すなわち八番肋骨から後ろの部分がほぼ四百ミリ延長され、水平尾翼の取付位置も四十ミリちかく下げられ、マイナス一度の取付角がつけられた。

主翼は外形や基本構造はそのまま踏襲したが、新しい脚と二十ミリ機銃の収容部分の構造が変わった。

脚は、低翼になったおかげで脚柱が短くてすみ、ちょうど主翼の小骨間隔で一個分、スペースを節約できるばかりでなく、脚の出し入れのたびに脚柱を伸ばしたり縮めたりする複雑な機構がなくなるので、構造が簡単になり、故障は確実に減る。あとでわかったことだが、脚関係だけでも、重量を百キロあまり節約することができたのは、大収穫だった。

「紫電」は中翼の「強風」の改造であるところから、脚の引き込みスペースを胴体構造に影響をおよぼさないよう主翼の改造だけで処理しようとしたため、脚柱をいったん短くしてから引っ込めるという努力にもかかわらず、脚間隔はやや広すぎるきらいがあった。

これも応急改造の無理によるものだったが、「改」では、胴体は新設計だから、こうした制約なしにやれるし、低翼になったことも、広すぎた脚間隔を修正するのに有利だった。

これを数字でくらべてみると、「紫電」の脚柱は、もっとも伸びた状態で一・七五二メートルあったものが、「改」では一・四二四メートルだから三十センチ以上も短くなったことになり、車輪間隔も主翼小骨一個分だけ内側によせたので、四・四五〇メートルから三・八五五メートルにせばめることができ、長すぎた脚柱と広すぎた車輪間隔のなやみは、いっきょに解決された。

さらに、当時の空技廠飛行実験部「紫電」「紫電改」担当部員志賀淑雄少佐の資料によると、脚上げの所要時間は、零戦の十六秒に対し「紫電」は三十二秒を要したが、「紫電改」では揚降機構も改良されて八秒に短縮され、脚に関しても大幅な技術向上のあとが見られた。

武装は二十ミリ機銃四梃の要求だったが、このころ空技廠兵器部で円筒型弾倉にかわる二十ミリ機銃用ベルト給弾方式が実用化される見込みがついたので、翼内にすっきり収めることが可能になった。

わずか十ヵ月で完成した試作一号機

こうした改良の基本プランにしたがって、機体の外形や内部のアレンジが、空気力学や構造、強度などの検討を加えながら進められるわけだが、菊原や〝まとめ役〟ともいうべき「紫電改」の設計連絡係だった足立英三郎技師らが、とくに気をくばったのは、機体を構成する部品をいかに減らすか、そしてつくりやすくするかだった。

「紫電」よりはやく実用化されるはずだった「雷電」が、トラブルつづきでおくれ、三菱の十七試艦戦「烈風」の試作がまだ緒についたばかりの現状では、この飛行機こそ、次期の海軍主力戦闘機になる、と川西の人たちは信じた。

そうなれば当然、数千あるいは万という数をつくらなければならないが、工場で働くのは、不慣れなしろうと工が大部分だ。したがって、構造を簡単にして部品の数を減らすことは、改良や性能向上におとらず設計陣の重要なテーマだった。

「『紫電』の部品点数を六とすれば、『紫電改』はとりあえず四とする。最終的には二にしたいと考え、戸塚君（戸塚栄技師）と、いろいろ話し合った」

菊原はこう語っているが、はじめ「紫電」の三分の二に、つぎの段階で三分の一ほどにしようというのが狙いだったのである。
実際に、川西の設計者たちは、この要求にこたえ、エンジン、プロペラおよびボルト、ナット、リベットなどをのぞく部品が約六万六千点もあった「紫電」にたいし、「紫電改」は約四万三千点で、まず第一目標を達成している。

設計室は、コンクリートづくりのひろい鳴尾工場本館の二階にあった。社長室も同じ階にあり、しんから飛行機が好きだった川西龍三社長は、よく設計室に顔を見せた。
すでに設計部門が組織がえになり、菊原は設計部長となっていた。
当時の川西航空機の社員名簿から拾った設計部の組織は、つぎのとおりである。
設計部　部長・菊原静男
　第一設計課　課長・菊原兼務　百七十二名
　第二設計課　課長・戸塚　栄　十七名
　第三設計課　課長・竹内為信　十三名
　第四設計課　課長・羽原修二　四名
このほかに強度機能課（課長・小原正三）というのがあって、五十二名をかかえていたから、総勢では二百五十名をこえる設計者たちが、新しい紫電〝改〟の設計に意欲を燃やす一方では「紫電」の改造設計も手がけ、「紫電」―「紫電改」とは別系列の十七試、十八試陸上戦闘機の基礎設計もやり、さらに二式大艇を輸送用にする「晴空」のほか、いくつかのプ

第11図 脚収納部付近の主翼構造の変化

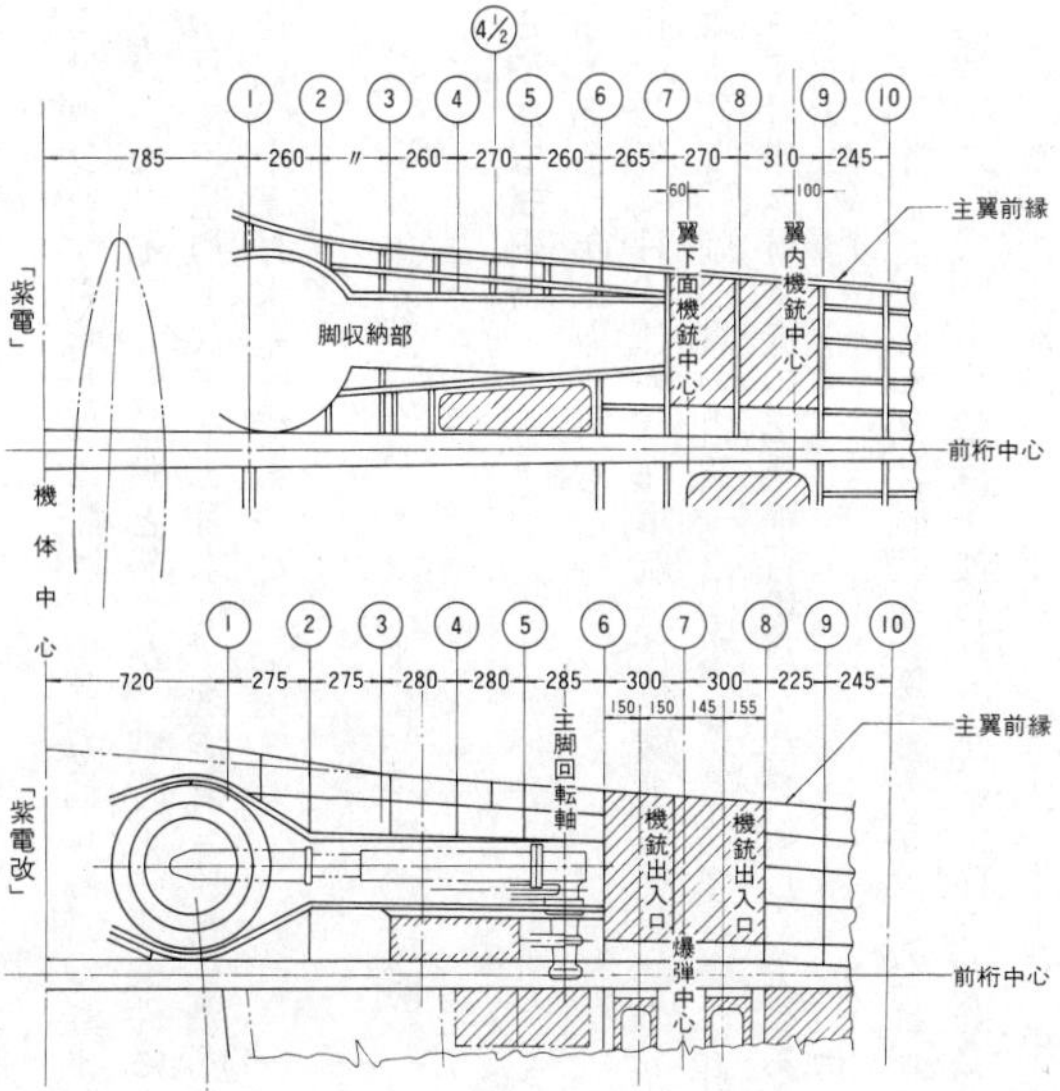

ロジェクトにも取り組んでいたから、その忙しさは、まさに〝戦場のよう〟であった。

その〝戦場〟で、設計者たちは「紫電」のときにも増してハードな作業に取り組み、なかには会社に泊まり込みがつづいて、一ヵ月の残業が二百時間以上という者まで現われた。

ひと口に二百時間の残業というが、これはいまの一ヵ月の通常の労働時間より多く、いってみれば彼らは一ヵ月で二ヵ月分以上働いていた勘定になる。こうした無理にたえられたのも、チーフの菊原ですら三十なかば、あとはいずれも二十代の元気ざかりだったというだけでなく、いずれも飛行機が〝めしより好き〟という情熱によるところが大きかった。

彼らは、ひたすら飛行機に賭け、生活も趣味も、青春すらも飛行機に注ぎ込んでやまない男たちだった。そうした情熱と努力が、戦時下の悪条件にもかかわらず、設計開始からわずか十ヵ月後の昭和十八年十二月末に、試作第一号機を完成させた。前年の「紫電」につづく、二年連続の十二月末完成であった。

未知へのダイブ——高速への挑戦

あざやかな試飛行

戦争である。年末も正月もない。

昭和十九年一月はじめ、海軍航空技術廠飛行実験部の「紫電改」主席テストパイロット志賀淑雄少佐と、副部員の古賀一《はじめ》中尉が乗る九七式艦上攻撃機は、横須賀をあとにした。めざすは川西航空機の鳴尾飛行場だった。新しくできあがった陸上戦闘機「紫電改」のテスト飛行のためだ。

ふつう、木型審査とか兵装艤装などのような大きな審査のときは、人数も多いのでダグラス輸送機や九六式陸上攻撃機が使われたが、生粋《きっすい》の戦闘機乗りである志賀は、一人で出張のときはよく零戦で出かけた。つまり、〝マイプレーン〟出張というわけだが、この日は古賀中尉といっしょなので、零戦でなく三人乗りの艦攻になった。

志賀は、たびたび艦攻に乗っているうちに、零戦とちがって舵は重いが、いかにも安定感のある艦攻が好きになった。

機上から見る富士の姿も地上のたたずまいも、心なしか新春ののどかさが感じられて、ふと戦争を忘れさせるほどであった。だがそれもつかの間、鈴鹿山脈をこえ大阪湾を斜めに横切って、翼下に鳴尾の飛行場を認めると現実に引きもどされた。

ゆっくり高度を下げ、いったん飛行場上空を通過した九七艦攻が大きく旋回して着陸すると、川西の人たちがかけよってきた。

「ご苦労さんです」

そういって、まっ先に翼にあがってきたのは、整備課長の宮原勲だった。志賀は、「紫電改」のテストの間じゅう、この宮原整備課長に一方ならぬ世話になることになったが、彼はイギリスのグラスゴー大学で飛行機を学んだという変わり種で、同じ大学を出て三菱、日本小型飛行機と、飛行機の設計畑を歩んだ兄の旭とともに航空二人兄弟として知られていた。

宮原整備課長は、外国生活が長いだけに、敵国であるアメリカやイギリスの事情にくわしかった。

「むこうには、地面をならすブルドーザーという建設機械があるので、ほとんど人力にたよるしかないわが国の設営隊とちがって、飛行場などは短期間につくってしまうだろう」と、志賀に教えてくれたのも彼だった。

志賀たちはひとまず川西本社工場まで行き、「紫電改」の進捗の全般について説明を聞いた。このあと会社幹部との昼食を終えて飛行場にもどると、新しい機体は、すでにエンジンの暖機運転もすんで、試乗を待つばかりになっていた。

　ここで乗り込む前に、整備課長および会社側の乙訓《おとくに》主席パイロットと、最後の打ち合わせをする。

「風の状況、会社側のテストはどこまでやったか（一月一日、岡安飛行士が約十五分、乙訓飛行士が約三十五分、特殊飛行はやってない）、二速過給器は（まだやってない）、エンジンの調子は、プロペラの最大回転数は、離陸のときのブーストはいっぱいでよろしいか（よろしい）、ブレーキはどうか（調整よし）、ほかに癖はないか……」など、入念な質疑のあと、機上の人となった。

　志賀は横須賀で「紫電」に乗っていたが、たしかにパワーの手ごたえと重量感はすばらしいのだが、なんとなく洗練されていない。たとえば失速しても、零戦はスピードが落ちて、そろそろ危ないぞ、というのがすぐにわかるが、「紫電」では、ある点で急にガタガタとやってくるぎこちなさがあった。旋回にしても、しかり。それに、川西が小型機の生産に慣れていないせいか、主翼や胴体の表面などがでこぼこで、これではせっかく採用された高性能の層流翼型の効果も疑問に思われるほどだった。

　こんどの「改」も、表面工作のわるさはあいかわらずだったが、さすがに根本的な再設計を行なっただけあって、胴体も贅肉《ぜいにく》をおとして引きしまり、「紫電」で問題となった前下方視界も改善されていた。

「これはよくなっている！」

　コクピットにおさまった志賀の第一印象だった。

操縦桿やフットバーを操作して、舵の動きを見る。ブーストレバーをいっぱいに引く。エンジン回転が上がって、轟音がひときわ高くなる。レバーをもどすと、なめらかに回転がおちる。レスポンスよろしい。「紫電」にしばしばみられた、過回転のおそれはなさそうだ。これをやられると、たちまちエンジンの軸受けが焼きついてアウトだ。不慣れなVDMプロペラもどうやら問題なさそうだ。

緊張して見まもる関係者たちにかるく手をあげて、OKの合図。チョークが払われ、タキシングで離陸スタート地点に向かう。ふつう、はじめての試乗では、離陸寸前までの地上滑走テストを何回かやり、乗り心地、偏向の癖、舵の効き具合、ブレーキの調子などを調べ、つぎにわずかに浮き上がる、いわゆるジャンピングを数回やってから本番にはいる。慣熟と異常の有無のチェックとが目的だが、急造のせまい鳴尾飛行場では、それができない。

前任者の周防元成大尉からも、「テストは慎重にやれよ。ただし、会社の整備をあまり信用するな」と、注意されていた。

しかし、それも承知で志賀は、「よし、いっぺんに上がってしまおう」と覚悟を決めた。

整備の問題は、まったくあなたまかせだが、相手を信用するしかない。それに、まだわずかな接触ではあるが、社長以下、整備課長、飛行主任をはじめ、川西の人たちから一様に感じられる異常なほどの熱意にもうたれた。

「紫電のとき、前任者の帆足だって会社のパイロットより先に上がってしまったし、もっと気がかりなエンジンだって、松崎（敏彦、技術少佐）がついているから大丈夫だと思った」（志賀）

自信と戦闘機パイロット特有の、思い切りの良さからはらをすえてエンジン全開、ブレーキをはなすと、飛行機は猛然と走りだした。

できるだけはやく尾部を上げるため、浮力がつくまでは昇降舵は下げ舵のままとする。機速がついて、左右の景色の流れがはやくなり、尾部が上がったところで静かに操縦桿をもどしていく。浮力がついて主車輪が地面を切った（車輪が地面をはなれることを、こう表現する）な、と感じたところで、ちらっと速度計に目をやる。このときの速度を確認するためだ。これより五ノットから十ノットぐらい上を、着陸前の降下速度の目安とする。予備知識なしではじめて乗る機種の着陸も、この速度でやれば絶対に失速《ストール》しない。

脚を入れる。すぐ海上に出た。そのまま、真っすぐ上がって高度をとる。

やがて、左にゆっくりと第一旋回。右翼ごしはるかに、淡路島が見える。

高度をさらにとって第二旋回。この間に、慎重に舵の効きをためす。補助翼《エルロン》の癖はないか？　高度は二千五百メートルに上がり、左前下方に飛行場と、それにつづく鳴尾製作所の広大な敷地が小さく見える。

「紫電にくらべて視界がよくなった」

志賀は満足だった。

ここでエンジンを絞り、速度をおとす。百五十、百、九十と速度計の針が下がり、そろそろ近いぞ、と思う間もなくグラリとくる。失速の前ぶれだ。すぐにエンジンの回転を上げて機速を回復する。ついで右旋回。そして左旋回。脚を出す。引っ込める。エンジンの筒温はどうか、油温はどうか、などをたしかめる。もっとも心配なエンジンも快調にまわり、振動も思ったより少ない。

　やや速度を上げ、ふたたび旋回テスト。旋回半径をだんだん小さくする。ほとんど垂直旋回までもっていく。ぐっとGがかかり、翼後縁を見ると、川西自慢の空戦フラップが、生き物のように張り出すのがわかる。

川西航空機鳴尾工場で撮影された局地戦闘機「紫電改」試作1号機。改設計された胴体、低翼配置で短くなった脚など「紫電」との差異がわかる。後方には量産中の「紫電」が並ぶ。

　こんどは上昇。ぐんぐん機首を上げ、のぼりつめたところで、ガクンと機首が下がって失速反転。これもよろしい。

　これまでのテストで、志賀はこの飛行機が、未完成の感が強かった「紫電」の欠点を克服して、みごとに生まれかわっていることを強く感じた。

　第三旋回。そして第四旋回。ふつうなら、ここからゆっくり着陸のアプローチにはいるところだが、まだ母艦パイロットの癖がぬけていない志賀のやり方は、少しばかりちがっていた。

　高度千五百あたりから機首を滑走路に向け、ゆるい降下《ダイブ》にはいった。地上すれすれで引き起こし、部隊へ引き渡しのため滑走路わきにずらりとならんだ「紫電」の列線をなめるようにして上空を通過《パス》。格納庫前で切りかえし、くるりとまわって降りてきた。空母への着艦操作と同じ、あざやかな着陸だった。

はじめての試飛行で、こんな飛び方をした前例はない。テストの状況いかに、と固い表情で見まもっていた人びとは、颯爽《さっそう》たる「紫電改」の飛行ぶりに感激した。おまけに「こんどのテストパイロットは、われわれの整備を信頼してくれている」と、ひどくよろこんだ。

だが、一回飛ぶごとに時間をかけて整備しなければならないほど調子がわるいのを知っていたエンジン関係者たちは、いまにも異常が起こりはしないか、ハラハラのしどおしだったらしい。

「こんどの飛行実験部員は、独り者ですか？」

中島飛行機から来ていた瀬川正徳技師が、思わずかたわらの松崎少佐に問いかけたほど、その飛行ぶりは大胆で派手に見えた。ふつう、妻帯者はとてもこんな飛び方はしない。

当の志賀は、これまでやってきた艦隊の作法に従ったまでだ、とけろりとしていた。

ともあれこのことが、テストする側とつくる側との気持を近づけ、相互に信頼しあうきっかけとなった。とくにエンジンで苦労した中島の瀬川技師は重症の左党だったので、酒がなくなるとよく志賀に無心し、志賀はなんとか工面しては、瀬川の要求にこたえた。酒好きが酒のない辛さはよくわかるし、文字どおり夜も寝ずにエンジンの調整に取り組む、瀬川の苦労に報いる気持もあった。戦後、積水化学の常務となった瀬川に偶然再会したとき、そのころのお礼にと、こんどは志賀が丁重《ていちょう》なもてなしを受けたという。

飛行後、大きな黒板を前に、志賀の所見発表が行なわれた。

パイロットは、上空で経験したことを地上の飛ばない人たちにわからせるために、表現にはいろいろ苦労する。当時の海軍のパイロットは、だれでもそうだったが、どうしても零戦との比較が多くなってしまう。

「おおむね、よろしい。しかし、川西さんにはわるいが、零戦はこれ以上に洗練されている。海軍が要求している空戦性能にたいして、これではまだもの足りない」

最後に志賀は、こうつけくわえた。

この所見にたいし、技術者側からいろいろ質問が発せられたが、戦闘機パイロットとのつきあいがあさい川西の人びとには、なかなか理解できない。それまで川西でやっていた水上機のパイロットには、艦隊といっしょに行動するため辛抱づよい人が多かった。

志賀にいわせれば、「彼らは、じつに紳士で、おとなしい。しかし、任務とあれば、自分を犠牲にしても省《かえり》みない責任感もある。彼らこそ本当の海軍士官だ」ということで、設計者たちにもあまり強いことはいわず、きわめて協調的だった。

戦闘機パイロットの方は、これも志賀によれば、「がらがわるい」から、思ったことは、ずけずけいう。なんとかわからせようと、つい極言を吐くが、菊原をはじめ技術者たちは、決して腹をたてない。重量もエンジン出力も零戦の倍あり、おまけに局地戦闘機がねらいの「紫電改」を零戦と比較するのは、どだい無理な話である。彼らはいつも冷静に、理づめに反論した。

真剣なやりとりが、テストのたびに交わされ、荒けずりだった試作機の操縦性が、しだいに洗練されていった。

「テストパイロットは、つねに飛行機の要求性能、性格が何であるか、を頭に入れて評価を下さなければならない。ところがわれわれは、要求や設計の目的と反対のテストをやっていることが多かった。たとえば『雷電』は、設計者の堀越さんにいわせると、『私の設計した中でいちばんいい飛行機』だったが、迎撃機としていまのジェット機なみの急上昇性を要求して設計させておいて、いざできあがると、格闘性が不足だ、と文句をつけた。あきらかに誤りだったが、戦闘機乗りは、とくにこうした傾向が強かった。

零戦だって、最初の半年か一年は、鈍重で駄目だ、といわれていたが、初陣で戦果をあげたとたんに、みんな『いい、いい』といいだした。だから、それまでが設計者の我慢のときだが、これはわれわれと、われわれの先輩たちの責任でもあった」

志賀は戦後、こう反省しているが、反面では、日本のパイロットたちのこうした無理な要求が、高速性と格闘性という、あい矛盾する性能を、ある程度、両立させた独特の戦闘機を生む原因となったことも否めない。

空技廠飛行実験部員志賀少佐

「紫電改」のテストもしだいに進み、やがて急降下テストをやる段階になったが、ここで、志賀が飛行実験部員になったいきさつを紹介しておこう。

日華事変からハワイ真珠湾攻撃にいたる航空母艦「加賀」、そしてミッドウェー作戦に呼応したダッチハーバー攻撃のときの空母「隼鷹《じゅんよう》」と、一時、錬成航空隊にいたことを除きずっと艦隊勤務だった志賀に、航空技術廠飛行実験部員の配置をすすめたのは、海軍兵学校同期の親友周防元成大尉（のち少佐、戦後、航空自衛隊空将）である。

志賀は生粋《きっすい》の戦闘機乗りで、頭はシャープでよく切れるが、妥協を好まない性格で、すじがとおらなければ、相手が誰であろうと絶対にゆずらない一面があった。

空母「加賀」乗り組みの時代、こういうことがあった。

演習中のひととき、部下の威勢のいいのが搭乗員をあつめて、上甲板で体操をやっていた。いちおう志賀に了解を求めてきたので、「よし、演習は一時中止だ。体操やれ」と許可した。ところが、これを艦長がみつけたからたいへんだ。

「何やってるんだ、演習中だぞ。体操やめろ！」

とたんに志賀がどなり返した。

「やめることはないぞ。搭乗員は空中で戦闘をやるんだ。いまは演習中止なんだ。身体をきたえるために体操して何がわるい。

そんな平時のような、しかつめらしいことをいっていたんでは、戦闘には勝てませんぞ。どうです、艦長！」

部下の手前、自分の立場を無視された腹いせもあって、語気するどく迫る志賀に、艦長はまっ赤な顔をしてプイと横を向いてしまった。

しばしば上官と衝突する志賀を、上層部もてあましたか、ミッドウェー海戦の直前に「加賀」をおろされ、空母「隼鷹」の飛行隊長として転出することになった。

豪華客船「橿原《かしはら》丸」（二万七千五百トン）を改造した「隼鷹」は、完成したばかりの新鋭艦で、搭載機数も五十機と、改造空母にしてはまああだったが、正規空母の「加賀」にくらべると、だいぶ見劣りがした。

出港前に、機材の領収のため、三菱におもむくことになった志賀は、内心おもしろくなかった。というのは、本隊である「赤城」や「加賀」には新品の零戦が支給されるが、ミッドウェー作戦の意図をかくすためアリューシャン攻撃に向かう囮《おとり》部隊の「隼鷹」は、九六艦戦で我慢せよ、というのだ。

冗談じゃない、と怒った志賀は、三菱に行き、なにくわぬ顔で零戦をうけとって帰った。三菱では、志賀がまだ「加賀」に乗っているものとばかり思っていたので怪しまれなかったが、二度目にはばれてしまった。

だが、「九六艦戦なんかで戦争ができるか。どうしても零戦をよこせ」といって、強引に「隼鷹」の戦闘機隊を零戦にかえてしまった。

急降下《ダイブ》テスト

空技廠飛行実験部から二五二空飛行隊長への転任に際し、周防はこうした激しい志賀の性格を承知のうえで、自分の後任にえらんだのだった。引きつぎのさい、周防はとくに念を押して志賀にいった。

「最終速試験《ターミナルダイブ・テスト》だけは、絶対にやれよ。これをやらないから、実施部隊に引き渡されてから事故が起きるのだ。危険の多い作業だが、貴様なら絶対やると思うから推薦したんだ」

零戦は試作機時代、急降下《ダイブ》テスト中に空中分解を起こして、テストパイロットを二名も失っている。急降下爆撃機はもちろん、ほかの飛行機にしても、テストのうちでもっとも危険度の高いのが、錐揉《きりも》みとこの急降下テストで、「アメリカでは、これをやると何万ドルも手当てが出るのだが」といって周防は笑った。

志賀は、飛行経験はながかったが、テストパイロットとしては一年生だったから、急降下テストのやり方、最終速にどうやってもっていくか、などを先輩や経験者に聞いてまわった。

ふつう、緩降下からはいり、昇降舵のタブを使って降下角度を深くしていく。ところが、スキーで斜面を滑降するときなどに経験するように、自分ではかなり急な角度だと思っても、実際にはそれほどでないことが多い。同様に飛行機での降下も、七十度ぐらいで突っこんだつもりでも、五十度ぐらいだった、ということがありうる。それに、加速すると揚力がふえるので、機体が浮きがちになり、どうしても角度が浅くなる傾向がある。

空技廠で「紫電改」の各種のテストを担当した志賀淑雄少佐。

「紫電改」はこれまでの海軍機にくらべ、「雷電」をのぞけば翼面荷重はもっとも大きく、単発機としては「紫電」とともにエンジン出力は最大だったから、最終速はかなり高い数値になるはずである。おそらく、日本海軍の飛行機としては、いまだかつて経験したことのないスピードにたっすることが予想された。

急降下テストは昭和十九年三月はじめ、横須賀航空隊の追浜《おっぱま》飛行場で、少佐に進級した志賀により試作第三号機で行なわれることになった。

のちに統合されて飛行審査部となり、横空の管轄下にはいってすべての試作機のテストが一本化されて行なわれるようになったが、当時は航空技術廠飛行実験部と横須賀航空隊とで、それぞれ分担する組織になっていた。空技廠では軍の整備によって試作機の整備をやり、それを実験部員の手でひととおりテストし、よければ領収してデータをそえて横空にわたす。何機かまとまったところで、横空で実戦部隊での使い方にちかい実用テストをやる。

したがって、鳴尾や伊丹ではあまりひどいテストはやっていない。海軍で引きとってから、苛酷なテストがはじまるわけだ。

これまでのテストをもう一度くり返して、異常の有無をたしかめてから、急降下テストが開始された。浅い角度からはじめ、様子を見ながら少しずつ降下角度を深くしてスピードを上げていく。最初は十ノットきざみで、そろそろ危険がちかづく三百八十ノット（時速約七百四キロ）あたりからは五ノットきざみで上げることにした。

このころになると、もちろんエンジンは全開、ダイブ角度もほとんど垂直にちかく、いわゆるターミナル・ダイブである。まともに地球にむかって落下していく感じだ。不慮のトラブルが発生したときにそなえて、少なくとも二千メートルでは引き起こすようにしたい。ところが、三トン半の機体を二千馬力で引っぱって、六千メートルから逆おとしにしても、四百ノット以上は出ない。いろいろやってみるが、どうしても駄目だ。

こうしたことが、一週間ぐらいつづいたとき、志賀は、ふと考えた。

「飛行機を背面にしてからダイブに入れたらどうだろう？」

これならまちがいなくスピードは出るが、もし万一トラブルが起きたら、まず脱出は不可能である。

「いま、おれはむずかしいテストをやっている。危険なことは戦争以上かもしれない。いつ死ぬかわからないから、よーく顔を見ておけよ」

三百九十ノットあたりから、志賀は鎌倉の自宅を出るとき妻にそういって、最悪の事態も覚悟していたが、いよいよ背面ダイブで最後の可能性をためそうという朝は、今日こそあるいは……と思った。肌寒い日だったが、空は晴れ、横須賀線の車窓からいつも見慣れた風景がこの朝は、おどろくほど新鮮に感じられた。

テスト開始。

「誉」は快調にまわり、車輪が地面を切るとすぐ海にでた。東京湾をめざして角度をとる。軍港がちらっと目にはいる。碇泊する艦船の少ないこと。最盛時の連合艦隊の姿は、すでに過去のものとなっていた。

上昇しながら、プロペラ回転、シリンダー温度、油温などをチェック、いつもより入念にひととおりのテストをやる。異常なし。高度を六千メートルに上げ、緩降下からダイブに入れた。

一回目、二回目と、四百ノットちかくを記録して、もう一度、高度をとる。

いよいよ三回目。こんどこそである。六千メートルでくるりと背面になり、操縦桿を引く。天と地がひっくりかえり、すぐに空がみえなくなった。

四百ノットは、秒速約二百メートルに相当する。だから、六千メートルの高度から二千メートルまで降下するには、加速時間を考えると、二十五秒ないし三十秒かかる計算である。ながいようだが、まだ写真計測のできなかった当時は、降下中の記録も、すべてパイロット自身が書いて記録しなければならなかったから忙しい。プロペラ回転数、ブースト、油圧、高度計等々……。

さすがに加速ははやい。ものすごいGで、身体がしめつけられるような感じだ。海面にむかって、まっしぐらに突っ込む。まだまだと思っているうちに、ひょっと速度計を見ると四百ノットを指していた。

高度計指示は二千五百メートル。いつもより加速がはやい。このあとも加速の勢いはさらに強まり、みるみるうちに四百三十ノット（時速七百九十六キロ）にたっした。と、突然ガタガタと操縦桿に振動がきた。

「フラッターか！」

一瞬、いやな予感が脳裏をかけめぐったが、見まわすと主翼も補助翼もちゃんとついている。

〈空中分解は大丈夫だな〉

操縦桿を左右に動かしてみる。補助翼の効きは、わるくない。振動はすぐにとまったようだ。だが、どうも補助翼があやしい。この間にも機速は増し、高度はどんどん下がっていく。と、ふたたび操縦桿にガタがきた。

〈あぶないっ！〉

とっさに志賀は、テスト中止を決意した。四百六十ノット（時速八百五十キロ）までやるつもりだったが、これ以上つづけるのは危険だ。

エンジンを絞ると、それまで強引に空気抵抗を打ち負かして降下をつづけていた機体の速度が急激におち、Gの減少によって背当てに押しつけられていた身体が、軽くなるのがわかる。

あせる気持をおさえながら、少しずつ操縦桿をもどす。急激にやっては、空中分解を起こすおそれがある。海面が徐々にまわって空が視界にはいってきた。

極度の緊張から解放された志賀はほっとしたが、まだ油断はならない。万一にそなえて脚、フラップを早めに出し、飛行場をキープして用心深く着陸した。タキシングで列線に近づいていくと、松崎少佐や飛行機部の樋口周雄大尉（東京都青山）がとんできた。爆音にかき消されそうになりながらも、大声でどなっている。

「やりましたなぁ」

松崎少佐が指さした先を見ると、補助翼の羽布が小骨から剝離《はくり》して、はためいているではないか。

テスト前、志賀は振動の権威である空技廠の松平精《やすし》技師に冗談まじりに、こういった。

「私を殺しなさんなよ。急降下では零戦で下川さん（万兵衛少佐）も死んでいるし、奥山も殉職したから、よく計算をしてまちがいのないようにしてくださいよ。私は戦場でならいいが、テストで死ぬのはまっぴらだから」

「こんどは、絶対に大丈夫」と松平技師は太鼓判を押した。そのとおり、今回の状況はフラッターではなく、機体のほうは四百三十ノットの高速にも、びくともしなかった。

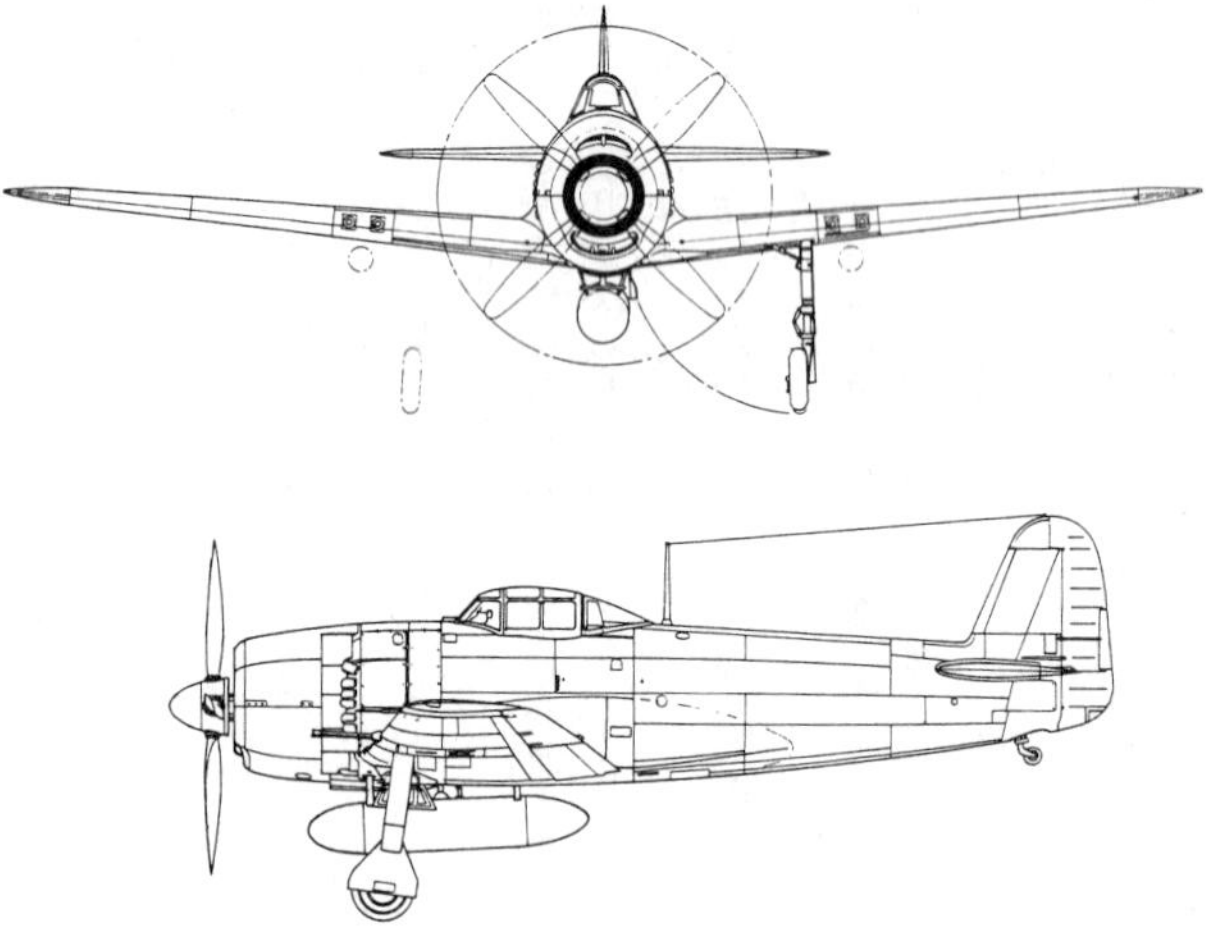

▼「紫電改三」NIK4-J

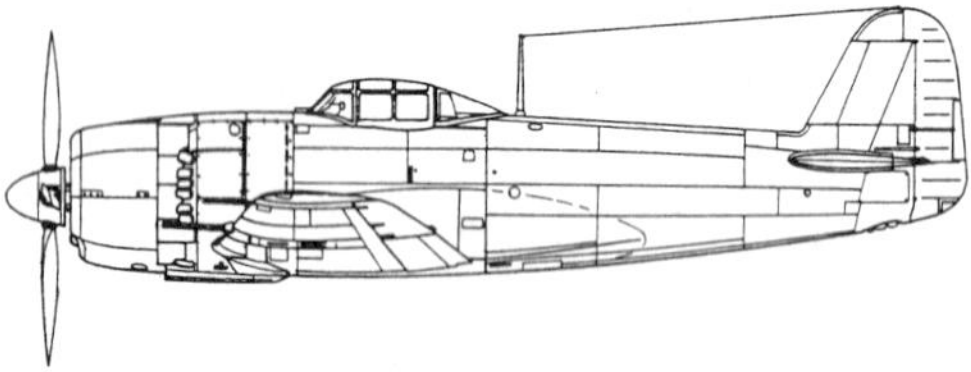

作図・渡部利久

第12図　「紫電改」(「紫電」二一型) N1K2-J

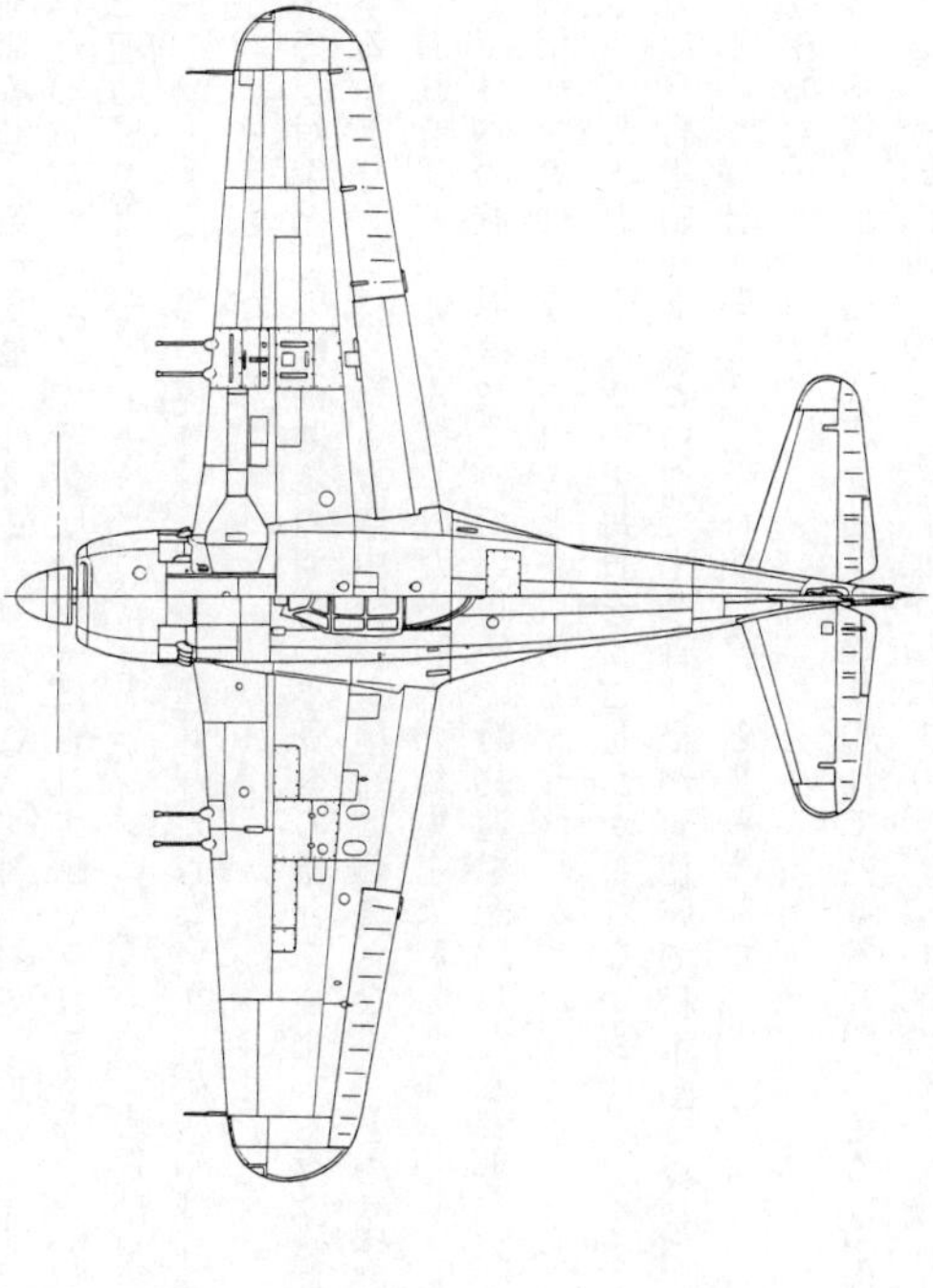

全幅：11.99m　全長：9.35m　自重：2,657kg　全備重量：4,000kg
エンジン：中島「誉」二一型　空冷二重星型18気筒　1,990馬力(離昇)
プロペラ：定速四翅(直径3.3m)　最大速度595km／時／高度5,600m
上昇力：6,000mまで7分22秒　実用上昇限度　10,760m　航続距離1,720km
武装：20mm機銃×4　爆弾60kg×2

さっそく、志賀も加わって空技廠で事故原因の究明が急がれたが、二週間後に結論がだされた。

松平技師と樋口大尉の調査によると、高速になって補助翼の表面が負圧となり、小骨に止められていた羽布がマイナスの空気圧で引っぱられて耐えきれなくなって剝がれ、これによって生じた補助翼の異常振動（エルロンバフェッティング）である。志賀部員の経験した計器速度四百三十ノット（本当の機速は、換算しなければならないが）が、ちょうど発生する限界ではないか、というものだった。

したがって、対策としては補助翼の羽布の小骨への結合を強化するだけで足り、この飛行機にかんするかぎり、フラッターも空中分解も絶対に起こらない、との結論にたっした。

〈これで、おれを後任にえらんでくれた周防との約束を果たした〉

おそらく、日本の航空界はじまっていらいの最終速を記録した志賀は、そうしたことよりも、親友の信頼を裏切らなかったことが、何よりうれしかった。そしてまた、この危険なテストの間じゅう、どれほどの思いで毎日をすごしたかしれない妻のことをふと思った。

「朝、今日は飛行実験があるといって出た日、私がお使いで材木座（鎌倉）を歩いていると、空でウーッという爆音が聞こえ、それがピタッと止みました。

〈飛行機が墜ちたのかしら？〉

テストは横須賀の飛行場で、鎌倉とはかなり離れているので聞こえるはずはないのにと思ったけれども、今朝出掛けの主人の言葉が頭にあり、急に心配になって胸がドキドキしました。

夕方になって帰って来ましたので、『今日はどうでした』と聞いたら、『実験は中止になった』といわれ、それなら心配しなくてもよかったのにと思いました。でもあの爆音はそら耳ではなく、たぶんほかの飛行機だったと思いますが、あのときのことは今でも忘れません」

テストパイロットの妻の心境を、志賀夫人はそう語っている。

紫電戦闘機隊生まれる

問題山積のまま量産決定

昭和十八年七月、自動空戦フラップの装着によってやっと領収にこぎつけた「紫電」は、空技廠飛行実験部と横須賀航空隊の手で審査が行なわれたが、前下方視界不良や、速度が期待したほど出ないなど、その評価はあまりかんばしいものではなかった。

エンジンが充分なパワーを出せないのと、機体表面のつくりがわるいためせっかくの層流翼の効果が半減したことなどが、額面どおりの速度が出ない理由だったが、海軍はこの戦闘機を不合格と判定することはできなかった。

目標とした三百五十ノット(時速六百五十キロ)には到底およばなかったが、三百十ノット(時速五百七十四キロ)なら零戦より速いし、それに二十ミリ機銃四梃の火力も魅力だった。しかも長引く「雷電」の不調もあって、この時点でほかに零戦にかわるべき戦闘機はなかったからだ。

そこで不本意ながら、とりあえず「紫電」を生産に入れ、不具合はそのつど直してゆくという〝拙速〟を海軍は選んだ。

これにたいして、かねてからこのことあるを予想して準備を進めていた川西は、七月の四機を皮切りに八月＝六機、九月＝十一機、十月＝十六機とピッチを上げ、昭和十八年暮れまでに、鳴尾工場で七十機の「紫電」をつくった。

しかし、さまざまな問題をかかえたままの「紫電」生産とその改良に加え、まだ制式採用も決まらないうちから、仮称一号局地戦闘機のままで「紫電」の実戦部隊が編成されることになったので、生産—整備—引き渡しとこれまでに味わったことのない緊張と混乱が、工場全体を襲った。

なにしろ、「紫電」には問題が多すぎた。志賀少佐によれば、「まだ完成もしていなかった『ル』号（「誉」発動機の略称）のまぼろしを追って設計された」といわれただけに、機体とエンジンが競い合うようにトラブルを起こした。

工場の組立ラインの最後の検査で合格した機体は、工員たちの手で隣接する鳴尾飛行場に押し出され、会社の飛行課のパイロットによるテスト飛行が行なわれる。

ここで、まず問題になったのが、振動の発生だ。

振動は、プロペラ機には大なり小なりつきまとうしかたのないものだが、どこまでを許容の限界とするかは、パイロットの感覚によってちがう。Aのパイロットなら合格とする程度の振動であっても、Bのパイロットだと不合格になってしまう。それに不合格の場合、その振動がエンジン自体の不調によるものか、プロペラに起因するものか、あるいは機体もしくはほかの原因がダブって共振を起こすものか、判定がきわめてむずかしい。振動は、エンジン、プロペラ、機体の三者が完全でなければとまらないものだ。

テストパイロットの言葉により、たとえば足にくる振動なら尾翼の方向舵《ラダー》関係、手にくる振動なら補助翼《エルロン》か昇降舵《エレベーター》の操縦系統といった具合に、症状に応じて対策を講じてまた飛んでみる。これでとまればいいが、五回も十回もテストをやりなおす機体もでる。

出来のわるいのは、何回やってもとまらないが、部隊への引き渡しはおくらせるわけにはいかない。仕方がないから、あてずっぽうでプロペラを取りかえてみる。それでも駄目なら、せっかく取りつけたエンジンを交換する。

こうして、ようやく振動がなくなったと思ったら、こんどはエンジンオイルが洩れる、シリンダー温度が異常に上がる。着陸しようとしたら、二段式脚が完全に伸び切らなかったり、ブレーキ不良で、せっかく良くなった飛行機がパーになる、といったことはしばしばだった。

海軍整備員の工場派遣

具合のわるい機体は、工場にもどすと製造ラインを混乱させるので、できるだけ飛行場で直すのが建て前であった。飛行場にはエンジン、脚、プロペラなど専門の整備工場があり、ここに各社の技術者がつめていて、川西の手薄な整備陣を助けた。

川西は、これまで大型飛行艇とか水上偵察機などをつくっていたので、こんどのように月に何十機もつくる、といった経験がなく、したがって整備員が少なかったから、飛行場で整備関係を受け持っていた宮原勲課長は、進まぬ整備と納期との板ばさみになって苦慮した。

作業員をいくつかの班に分け、当時もっとも貴重だった食料を賞品がわりに、成績を競わせるようなこともやってみたが、整備の間に合わない飛行機はたまる一方で、昭和十九年のはじめごろには、それが百機近くにもなった。

このままでは、軍に迷惑をかけるばかりだし、第一、できあがった飛行機がいつまでも出ていかないのでは、現場の士気にもかかわる。そこで川西では、相模野海軍航空隊に工員を派遣して整備の訓練をする一方、直接の援助を海軍に依頼した。

川西の要請に、海軍としてもすててもおけず、盛岡嘉治郎少佐指揮のもとに多数の優秀な整備員を派遣した。また、とくに整備専門の監督官として木崎輝雄機関少佐も、鳴尾飛行場に常駐することになった。

軍が民間会社の仕事を手伝ってやろうというわけだが、川西は創業時代からずっと海軍一辺倒で押してきた会社だったし、それだけに海軍のいうことを素直に聞いてきたから、海軍側も身内のような親近感を抱いていたためだ。それに副社長の前原予備役海軍中将の顔も、大いに役立ったらしい。

海軍の援助はありがたかったが、派遣されてきたメンバーがまた、じつに人を得ていた。監督官の木崎機関少佐と補佐役の竹林安治郎兵曹長のコンビがよく、とくに木崎少佐は、いばることも役人風をふかすこともなく、むやみに会社側にハッパをかけることもしなかった。

それどころか、整備不良や引き渡しのおくれなどがあると、自分たちの責任であるかのように、会社の人といっしょになって頭を下げる側にまわった。おかげで、整備課長の宮原は、なんども苦しい場面を救われた。ともに過ごした苦労の間に宮原と木崎は、たがいに人間的な尊敬を相手にたいして抱くようになったが、当時の恩義とその人柄にほれた宮原は戦後、みずから起こした極東開発という会社に木崎を役員として迎え入れ、その恩義に報いた。

工場から出てきたばかりの飛行機というのは、ゲラ刷りのようなもので、いろいろ不備な個所に手を加えなければ実用にならない。あまり手のかからないのもあれば、いくらやっても良くならない整備員泣かせのものもある。

こうした飛行場での完成機の整備で、木崎少佐とともに忘れてならない功労者は、エンジンのベテラン、空技廠発動機部部員の松崎敏彦技術少佐だろう。

この人は「誉」にほれ込み、むずかしいエンジンのすみずみまで知りつくしていた。およそ身なりなど気にしない海軍士官で、油まみれの汚れた格好《かっこう》で平気なのを〝ダーティネービイ〟というが、東北帝大機械科出身の松崎はまったくそれだった。軍服の汚れるのなどお構いなし、潮風にあたる上に手入れもしないから、腰の短剣も赤っちゃけの錆だらけ、それでも平気で文字どおり油にまみれてエンジンに取り組み、排気の炎の色や臭いで、どのシリンダーが不調かを見分けるほどの名人だった。

不良機解消の技術

「紫電」の生産が本格化する少し前の昭和十八年秋、会社の組織変更で設計課は部になり、自動空戦フラップ開発では設計側の中心だった田中賀之技師は、十八試甲戦闘機「陣風」の設計を担当する第二設計課に配属された。

「陣風」は、「紫電」および「紫電改」とはまったく別系列の戦闘機で、高度一万メートルで三百七十ノット（時速六百八十七キロ）を出す本格的な高々度戦闘機で、田中はこの仕事にかかわることになった幸運をよろこんだが、それも長くはつづかなかった。

整備やテスト飛行が間に合わないために飛行場にたまった「紫電」を領収にもちこんで一掃すべく、設計からも応援に人を出すことになったからだ。

不具合の中には自動空戦フラップの作動不良もかなりふくまれていたことから、社長の名指しで設計部から田中をふくめて三名が、二月一日付で整備課に転属することになった。

「これはひどい！」

飛行場に立った田中たちは、思わずつぶやいた。

真新しい「紫電」が百機近くも並んだ光景は壮観だが、これがみんな問題をかかえて納入できない不良在庫なのだから、ことは深刻だ。早く何とかしなければ、会社の損失もさることながら、軍の作戦に影響する。

整備課技術係に配属された田中たちの作業は即日開始されたが、自動空戦フラップの装置を点検した田中は、妙なことに気づいた。

この装置は、試作品のまま製造部門で製作されたものだが、水銀の汚れがひどく、それは試作機で経験したものとは、比較にならないほどだった。

田中は考えた。

この原因は、指令装置の水銀槽内で、水銀が水銀槽上部にあるフェルトの外周のすき間からq（動圧）チャンバーに侵入し、上げ電極を取り付けているハンダを溶かしてアマルガム（水銀化合物）というの合金のかたまりとなり、その一部が水銀槽内に落ちたためではないか。

では、最初よかったものがなぜそうなったのか。飛行場で社内のパイロットによってテストされた飛行機は、不具合が発見されるとできるだけ飛行場にいる整備課の手で直すようにしていたが、手に負えないものはもう一度工場にもどす。ところが、飛行場と工場間の誘導路がひどいでこぼこ道だったため、強い上下の振動で水銀止めのフェルトの縁をとおってqチャンバーに入りこんだのが悪さをしたと田中は推察した。

この不具合は、水銀を汚して自動空戦フラップのききを悪くするだけでなく、飛び散ったアマルガムによって機体が損傷する原因になるので、フェルト外周にゴムのりをつけて筐体とのすき間をなくし、qチャンバーに水銀が絶対に侵入しないようにするとともに、ハンダ部にもゴムのりを塗って水銀に直接触れないようにする対策が、すぐ全機にたいして行なわれた。

この結果、水銀の汚れがまったくなくなり、二、三の初期故障を除けば、自動空戦フラップのトラブルは消えた。

こうして二ヵ月後には自動空戦フラップの不具合はほとんど解決したが、飛行機の整備にあたっては、担当の班長の才覚が大いにモノをいった。

安藤という、試験飛行合格の機体がもっとも多い整備の班長がいた。身分は工員の上の工手だったが、川西社長もその名を知っていたほどに有名だった。その仕事ぶりは独特で、もっとも問題の多いエンジンについては、機体を受け取るとまずエンジンの補機類をすべて取りはずした。次いで発電機、電気系統の配線、点火プラグ、キャブレター、それにプロペラの振動試験などを整備課技術係に依頼し、機能を確認してから取り付け直して整備するようにしていた。

これによって不良対策が早く確実となり、エンジンを直して使うか返品とするかの判断が早い時期にできるようになった。

自動空戦フラップについても同様で、機体受領後すぐに指令装置の水銀槽をはずして水銀をチェックしたが、彼の注意深い点検で小さな電極の不具合を発見したこともあった。

安藤のほかにも渡辺、亀田、油谷といった老練な機付の班長たちがいたが、「紫電」のような問題を多くかかえた新型機を送り出すには、こうした現場の匠《たくみ》たちの技《わざ》と努力に負うところが大きかったのである。

「獅子部隊」編成さる

昭和十八年の秋、ソロモンではあいかわらず航空決戦がつづき、わが戦闘機隊の撃墜数は、常に敵のそれを上まわっていたが、かつて無敵とうたわれ、勝利のシンボルでもあった零戦の栄光に、ようやく凋落のきざしが拭いきれない事実となって重くのしかかっていた。

決して零戦の性能がわるくなったわけではなかったが、敵機の性能と戦法が進歩したのと、戦局の大勢がわが方にわるく傾きつつあったためだ。

〝無敵のゼロ・ファイター〟に対抗すべく、はやくから二機、二機のペアによる編隊空戦と無線電話連絡による協同攻撃に切りかえた連合軍側の戦法により、旧式のグラマンF4F「ワイルドキャット」ですら、数をたのんで果敢に零戦に立ち向かうようになっていた。

こうなると、敵を零戦得意の格闘戦に引き込む機会が少なくなり、速度と加速力にまさる敵戦闘機に空戦の主導権を奪われることが多くなった。

こうして零戦にかわる新鋭機を望む声が高まりつつあったそのころ、ようやく「紫電」で編成された戦闘機隊が生まれた。

「獅子部隊」とよばれた第三四一海軍航空隊がそれで、司令は小笠原章一中佐（のち舟木忠夫中佐）で飛行隊長が白根斐夫《あやす》大尉。四国松山基地で編成を終わると、ただちに零戦で訓練を開始、一時、笠ノ原基地をへて昭和十九年一月、千葉県館山基地に移ったころ、二機、三機と「紫電」が空輸されてきて、徐々に零戦と交代した。

飛行隊長の白根大尉は、中国大陸での零戦による初陣いらい、数多くの実戦の洗礼をうけ、横須賀航空隊での「紫電」の実用試験にあたっては、主担当者となって完成に貢献した人である。

分隊長は兵学校六十九期の金子元威、浅川正明両中尉、隊員は主として二十歳前後の予科練卒業生と、いずれも若さあふれる元気者たちだった。

乗り慣れた零戦から「紫電」に移った搭乗員たちは、操縦感覚のあまりにも大きな相違にとまどいながらも、強力なエンジンによる小気味よい加速と、無理な操縦にも、びくともしない頑丈な機体や、めずらしい自動空戦フラップなどに新時代の戦闘機らしい魅力を感じた。

ところがその反面、部隊に引き取られた「紫電」はとかく故障や不具合が多く、部隊側の不満のタネになっていたので、機体の川西、エンジンの中島飛行機、プロペラの住友金属工業など各製造メーカーから技術者が部隊に派遣され、泊まり込みで故障対策にあたっていた。

川西からは検査担当の崎村善一技師（大阪府豊中市）が工員を何人かつれて来ていたが、ある晩、旅館で休んでいた崎村に部隊から迎えが来た。出てみるとサイドカー二台で、うち一台には軍需省副官の高山捷一技術大尉が乗っている。

〈こんな夜中に何だろう？〉

不安に思いながら崎村が迎えのサイドカーに乗って部隊に行くと、司令公室に通された。何とそこには海軍大臣の嶋田繁太郎大将をはじめ軍需省の遠藤三郎陸軍中将、大西瀧治郎海軍中将ら高官が居並び、司令小笠原章一中佐もむずかしい顔をして座っていた。

川西からだけでなく、中島、住友の技師も来ており、ここで崎村は呼ばれた理由がわかった。

当時、獅子部隊の早期台湾進出が要請され、部隊では搭乗員の訓練が急がれていたが、「紫電」の故障が多く、思うようにいかなかった。そこで事態を重く見た軍上層部の部隊視察となり、部隊側からの釈明が行なわれ、関係各メーカーの責任者にもお呼びがかかったのだった。

「プロペラにガタがある。エンジンの油もれがひどい。脚が着陸の際に折れる。車輪のブレーキが嚙みついて機体がひっくり返る。エルロンの羽布がはがれる……」

部隊側の特務士官が、いかに機材の不具合で困っているかをまくし立てる。当然、被告席に座らされた感じのメーカー側技術者は小さくなって聞き入るだけ。ふんだんに悪口雑言を聞かされたが、航空兵器総局長官の遠藤三郎陸軍中将が、メーカーを一方的に責める部隊側をたしなめるような発言をしてくれた。

「かつて航空部隊を引きつれて中支（中部支那）に行ったことがある。そのときも今のように故障が多く発生したが、パイロットは機体が悪いというし、機体をつくった側はパイロットの腕が未熟なせいだといって、たがいにののしり合いになった。

そういう経験があるので、今晩ここに来て同じような状況を見るにつけ、いろいろ感ずるところがある。双方にそれぞれ言いぶんもあるだろうが、こんなときはたがいに相手の立場を尊重して協力し、やってもらいたい」

これでメーカー側は救われたが、結論として実情視察のため明日、「紫電」の組立をやっている川西に行こうということになった。

散会後、崎村は旅館に帰る途中、木更津郵便局に寄り、鳴尾の本社あてに電報を打った。

「本日、部隊における会議で機体にいろいろ問題あるを指摘さる。明日、軍高官が工場視察のため鳴尾飛行場に着く。よろしく手配されたし」

ざっとこんな内容だったが、これがあとで問題になった。

遠藤中将以下は抜き打ち検査のつもりだったのが、飛行場に着いてみるとしっかり出迎えがきている。本社に行くと社長以下が準備を整えて待っており、すっかり当てがはずれてしまった。そこは苦労人の川西龍三社長の取りなしで、おエラ方は御機嫌で帰って行った。

数日後、出張から帰った崎村は社長に呼ばれた。

「君はえらいことをしてくれたな。ああいう軍の高官の移動について、平文で電報を打ってはいかん。機密漏洩で君が罪になるばかりか会社にも累がおよぶことになる……」

川西社長はそういってきつく叱ったあと、

「——ただし、君のとった処置は非常に時宜を得ていた。おかげでボロを出さずにすんだ」
といってホメた。

新鋭機戦力化への努力

崎村のケガの功名の一件があったちょうどそのころ、横須賀基地ではもうひとつの新機種による戦闘機隊が生まれつつあった。「紫電」の三四一空とほぼ同じ昭和十八年十一月に開隊された第三〇一航空隊がそれで、対大型機攻撃用として開発され、横空で実用実験中だった局地戦闘機「雷電」だけで編成されることになっていた。

司令が八木勝利中佐、飛行隊長は歴戦の藤田怡与蔵大尉（のち少佐、日本航空機長）で、紫電隊と同じく兵学校六十九期の岩下邦雄、香田克巳、島本重二中尉らが分隊長となり、これまた零戦搭乗員をあつめて訓練を行なっていた。

「紫電」と同様、この「雷電」も、完成の極致ともいうべき零戦に乗り慣れた搭乗員たちにとって、異質の機体だった。

とくに大直径のエンジンと異常に太い胴体のため、前下方視界のわるさから地上滑走中に、ほかの搭乗員をプロペラで切断するという、いたましい事故も起こった。

空中に上がると、翼面荷重が大きいのと「紫電」のような自動空戦フラップがないために、ちょっと無理な操作をすると失速する傾向があり、「いやな飛行機に乗せられた」というのが、搭乗員たちの、いつわらざる気持だった。

見た目にもスマートで、操縦性も外見の印象どおりなめらかな零戦にくらべると、「雷電」

の異質さは搭乗員たちにとって「紫電」以上のものがあったようだ。しかし、半年にわたる訓練によってようやく練度も上がり、戦力も充実していった。

航空部隊というのは、機材と人員がそろえば、それですぐ戦力化するというものでは決してない。とくに「紫電」や「雷電」のような新しい機種の場合は、まず各搭乗員が飛行機に慣れることからはじまり、徐々にむずかしい飛行訓練に入る。ひととおり単機の訓練が終わったところで、つぎは編隊による空戦訓練。はじめは小単位からはじまって、しまいには大編隊による行動、空戦訓練までをこなし、さらに隊員相互の気持が通じ合うようになるまでには、少なくとも半年以上の錬成期間を必要とする。

この間の経過を、三〇一空戦時日誌から追ってみると、昭和十八年十一月五日から十日の間に横須賀航空隊で開隊、すぐに零戦による訓練を開始。名目は、「局地戦闘機をもってする大型爆撃機撃墜法」にかんする研究実験だった。

昭和十九年一月一日の使用可能機数（カッコ内は整備または修理中のもの）は、零戦十二（七）、十四試局戦（「雷電」の試作名）四（一）、「雷電」零（一）となっているが、その後、三菱の鈴鹿製作所から「雷電」がぞくぞく空輸されて機数もふえ、「雷電」一一型四十（二十）、零戦五二型四十七（五）の大戦闘機隊になった五月二十九日、本隊の「雷電」四十九機が館山基地に進出し、厚木に派遣されていた零戦隊二十機と合流した。

このころ、マリアナ方面の敵の動きがあやしくなり、米軍のサイパン島攻略の企図が明らかになったため、わが海軍の機動部隊と基地航空部隊の全兵力をもって、敵の戦艦群および強力な機動部隊をいっきょに撃滅すべく、六月十四日、「あ号作戦決戦用意」が発令された。

基地航空部隊の主力となったのが、第十二航空艦隊に横須賀航空隊を加えた、いわゆる「八幡部隊」で、硫黄島に進出することになっていた。館山基地が、この進出部隊の中継基地となり、戦闘機、陸攻、艦攻などの新鋭部隊が、ぞくぞくと集結した。

もともと館山基地には、本隊である館山海軍航空隊があり、水上偵察機、観測機、艦上攻撃機などをもっていた。また、ここで開隊した九〇一空の飛行艇隊、陸上攻撃機隊があり、さらにここで再編成された戦闘機の二五二空なども いた。その上、「紫電」の三四一空獅子部隊や新鋭艦攻「天山」の七五二空も一角を占めていた。

そこへ百機ちかい三〇一空の大部隊が移動したのだからたいへんだ。基地は、各部隊の飛行機や搭乗員、整備員たちでふくれ上がり、上空から見下ろすと滑走路をわずかにのこして、飛行場全体が飛行機で埋めつくされたといっても過言ではないほどだった。

滑走路は、出て行く飛行機、降りてくる飛行機で絶え間なくふさがれ、思うように訓練ができなくなった紫電隊の三四一空は、四〇二飛行隊が分かれて、余裕のある愛知県の明治基地に移っていった。

三〇一空の無念

雷電隊が館山基地にやってきた目的は、ほかの部隊とはちがっていた。

これより先、雷電隊の編成に先だって岩下邦雄中尉は、軍令部航空参謀の源田実中佐（のち大佐、「紫電改」の三四三空司令となる）によばれ、海軍省に行った。

そこで源田参謀に打ち明けられたことは、こうだった。

「いま南方では、しきりに高空性能のいいB17やB24が跳梁《ちょうりょう》しているが、零戦ではもう歯が立たん。どうしても重武装の局地戦闘機が必要だ。このまま彼らのなすがままにしておくと、そのうち日本本土が絨毯《じゅうたん》爆撃でやられるようになるのは目に見えている。だから、いまのうちにたたいておかなければいかん。三〇一空は、そのための部隊だ」

　つまりラバウル進出が目的だったわけだが、「雷電」は航続距離がみじかいので、いったん館山にうつり、ここから硫黄島、サイパン経由でラバウルに進出する予定だった。

　ところが、サイパン危うし、となってはラバウル進出どころではない。練度の上がった三〇一空は貴重な戦力だったから、さっそく硫黄島に派遣されることになり、せっかくなじんだ「雷電」を厚木の三〇二空に引き渡し、ふたたび零戦隊として硫黄島に進出した。しかし、肝心の八幡部隊本隊が悪天候にさえぎられて進出を果たさないうちに、敵の機動部隊の一部が、硫黄島と小笠原諸島の父島に攻撃をかけてきた。

　圧倒的な敵空母艦載機のグラマンF6Fにたいし、六月十五日から七月四日にかけて、三〇一空は劣勢の零戦をもって応戦したが、零戦に昔日のおもかげはなく、名人坂井三郎少尉ですら射ち落とされないよう逃げまわるのが精いっぱいというありさまで、四回にわたる邀《よう》撃戦《げきせん》で半数以上が未帰還となり、その上、香田、島本両分隊長をも失った。

　さらに不幸なことに、たまたま零戦の空輸のため硫黄島にきていた三四一空戦闘第四〇一飛行隊の金子中尉らも到着翌日に空襲にあい、邀撃に上がったまま未帰還となってしまった。

　彼らにしてみれば、日夜訓練をかさねてきた新鋭「紫電」や「雷電」に乗っての戦闘でなかっただけに、さぞや無念だったにちがいない。

部下の大半を失ったばかりか、同期生を三人までも失った岩下中尉は、三〇一空が潰滅してしまったので、内地に帰ってしばらく横須賀航空隊付となっていたが、傷心の岩下にもほどなく再度の出番がめぐってきた。

T部隊の紫電隊

硫黄島で零戦隊が惨敗を喫し、最後は海岸間近まで迫った敵艦隊の艦砲射撃で徹底的にたたかれた同じ時期、マリアナ諸島の基地群もまた、数群の敵機動部隊の反復攻撃を受けた。マリアナ沖海戦とよばれたこの戦闘も、迎撃に上がった百機の零戦のうち、六十機以上が未帰還となる、ひどい敗け戦さに終わった。

これらのあいつぐ敗戦は、海軍航空部隊の戦力低下のあらわれである、として大きな問題となり、すみやかな戦力の再建が計画された。

いわゆる「T部隊」がそれで、決戦部隊として戦力を集中し、もっとも精強な航空部隊をつくり上げる意図から、戦闘、爆撃、雷撃、偵察の各部隊は、それぞれの最新の機種で編成され、搭乗員もえりすぐりの強者《つわもの》があつめられた。

編成は第2表に見られるように各航空隊から派遣された飛行隊からなり、攻撃隊の主力はレーダーをつんだ一式陸攻、「銀河」および陸軍から派遣された四式重爆「飛龍」だった。表の数字は編成当時のものだが、訓練が進むにつれて機数もふえ、一式陸攻だけでもおよそ百機になった。陸軍雷撃隊も、のちに第九十七戦隊が加わり、機数は倍加している。

T部隊の名は、台湾、フィリピン方面に敵機動部隊が来襲するのが、ちょうど台風シーズンにかかるものと予想されるところから、台風の頭文字をとって名付けられたものといわれている。

最新鋭の紫電戦闘機隊である戦闘七〇一飛行隊は制空隊の任務を負い、隊長は俊秀の令名高かった新郷英城少佐、先任分隊長には大尉に進級した岩下がえらばれた。

隊員には、すでに数少なくなっていた空母の経験者が多く配属され、とくに坂井三郎少尉や松場秋夫少尉といったベテランが、経験の浅い米村泰典、大平高両分隊長を助けることになった。

「雷電」「紫電」と、二度ならず新機種の分隊長として錬成を手がけることになった岩下は、硫黄島のにがい経験から「紫電」に期待するところが大きかった。

だが「紫電」には、つねにエンジン関係のトラブルがつきまとい、岩下が川西から飛行機を受けとって横須賀に帰ってくるときも、排気ガスが操縦席に入りこんで目と喉《のど》をやられる、というありがたくないトラブルに見舞われた。それに、脚の故障とブレーキの不具合により、ベテラン搭乗員といえども着陸時にはつねに不安がつきまとい、この事故で飛行機をこわすことが多かった。

頻発《ひんぱつ》する事故にもめげず、隊員たちは、なんとかこの不安の多い戦闘機をものにしようと訓練にはげんだが、新郷隊長はどうもこの「紫電」がきらいだったらしく、乗りたがらなかった。

それがどういう風の吹きまわしか、ある日突然、「岩下大尉、今日はひとつ紫電に乗ってみようか」といいだした。

すぐ「紫電」を一機用意させたところ、さすがはうまいもので、あっさり離陸して力強く上昇していく。空中でかるく各種の飛行操作をやり、高度を下げて飛行場上空を一回パスしてから着陸態勢に入った。ところが、脚が片方でない。

「紫電」も零戦と同様、主翼上面に脚の出入りを確認するための細い棒が突き出るようになっていたが、操縦席内部のランプによっても確認できた。その上、二段伸張式脚柱の伸縮を確認するランプもあった。

片脚が出ていないのを知った新郷隊長は、どうにかしてくれ、といわんばかりにさかんに上空をまわっていた。

〈ははー、隊長、だいぶ頭にきているな〉

日ごろ、新郷隊長が「紫電」をきらっていたのをよく知っていただけに、岩下分隊長はやっかいなことになったと思った。さっそく、もう一機の「紫電」の胴体側面に脚下げ要領をチョークで書き、先任分隊士の坂井少尉を離陸させた。

坂井が、ぴたっと隊長機の横にならびながら見ていると、坂井機の胴体の文字に気づいた隊長は、いろいろ操作を試みている様子だが、どうしても脚は出ない。

やがてあきらめたか、坂井の方を見た隊長は手を振って、ダメダメの合図をしてから下方を指さす。このまま着陸するぞ、の意思表示だ。

坂井機につき添われて隊長機が降りてきたが、いぜんとして片脚は出ていない。岩下は緊急着陸の用意を命じ、隊長機を追うべく自動車を走らせた。たくみに片脚接地した隊長機の

行き足が鈍って浮力を失った片翼が地面につき、機体がクルリとまわって停止した。はたして、傾いた飛行機から降りてくるなり、

「岩下大尉、オレはもう『紫電』をやめるよ。君が隊長をやれ」

あっけにとられる岩下分隊長に言明した。

いったとおり新郷は、その足で海軍省に行って話をつけ、手まわしよく一週間後には「戦闘七〇一飛行隊長岩下邦雄」が発令された。まだ大尉に進級して間もない岩下は、海軍でもっとも若い飛行隊長となった。

T攻撃部隊が機種別に、各基地においてそれぞれ練度向上に努めつつあった昭和十九年八月、なにか重要な打ち合わせがあるらしく、T部隊の各隊指揮官に、九州鹿屋《かのや》の

第2表　編成当初のT攻撃部隊〔防衛庁公刊戦史より〕

区分	編入兵力：特設飛行隊	編入兵力：予想実働兵力	派出先	
偵察隊	八〇一空の一飛行隊	飛行艇 二式大艇一〇	八〇一空	第三航空艦隊
偵察隊	偵一一	彩雲一〇 司偵六	一三一空	第三航空艦隊
偵察隊	攻七〇八	銀河五	七六二空	第二航空艦隊
攻撃隊	攻七〇八 飛行第九十八戦隊（陸軍）	一式陸攻二四 四式重爆一八	七六二空	第二航空艦隊
攻撃隊	攻七〇三	一式陸攻二四	七五二空	第三航空艦隊
攻撃隊	攻二六二	天山艦攻一六	六〇一空	第三艦隊（第一航空戦隊）
攻撃隊	攻五〇一 戦七〇一 偵三〇一	銀河二四 紫電二四 瑞雲（水上爆撃機）一八	横空	横須賀鎮守府

司令部に至急参集せよ、との命令が発せられた。

もちろん、岩下も行くことになったが、いよいよ出発という前になって急に腹部の激痛に襲われた。軍医に診てもらうと急性盲腸炎で、すぐ手術しなければならない、との診断で、かわりに先任分隊長の米村泰典中尉が零戦で鹿屋に向かった。

鹿屋に着陸寸前、米村中尉の乗機のエンジンが不調となり、列線に飛行機がいっぱいならんだ滑走路をさけて降りようとしたが、運わるく掩体壕にぶつかって転覆大破、米村中尉は瀕死の重傷を負うという、かさねての不幸に見舞われた。

この緊急時に隊長、分隊長とあいついでたおれ、決戦部隊の制空の任を負う紫電隊を隊長不在でおくことはできないので、最初の紫電部隊である三四一空の飛行隊長白根大尉が前線から呼びもどされて隊長に就任した。九月の末、ちょうど猛烈な台風が吹き荒れている日であった。

戦場の紫電特別修理班

派遣された十五人

話は少しさかのぼるが、館山から明治基地に移って訓練をつづけていた四〇二飛行隊は、フィリピン方面に連合軍の侵攻が予想されるところから台湾進出を命じられ、宮崎で四〇一飛行隊と合流した。

九月はじめ、なつかしの内地に別れを告げた紫電隊は、沖縄を経由して台湾の高雄基地に進出した。南国の強い太陽の光をプロペラにキラキラ反射させながら、つぎつぎに降りてくる新鋭戦闘機「紫電」の姿は、颯爽《さっそう》として基地を圧し、ほかの隊員たちの羨望《せんぼう》と期待のまなざしをもって迎えられた。

白根隊長のもとで、ここでも猛訓練がつづけられたが、故障と事故はあいかわらずで機材の消耗ははげしかった。だが、このころようやく生産もあがるようになり、四月＝九十三、六月＝七十一、七月＝九十、そして九月には、最高の百六機を記録したから、機材の補充はなんとか間に合った。

飛行機が足りなくなると、隊員たちが台湾から川西の工場まで取りにいった。鳴尾工場は、酒の本場、灘をひかえ、おまけに休息の場所にもこと欠かなかったので、搭乗員たちにとって飛行機の領収に内地に帰るのは、大きな楽しみでもあった。

三四一空の台湾進出に呼応して、まだ何かと問題の多い「紫電」のお守りをするため、紫電特別修理班が編成されることになり、つぎのメンバーがえらばれた。

班　　長　鈴木順二郎技術少佐
エンジン　田中武雄技術大尉
　　　　　小沼技師（中島）
プロペラ　米原令敏技術大尉
機　　体　竹内和男技師（川西）
　　　　　田中賀之技師（川西）

このほか空技廠および川西の工員をふくめ、総勢十五人の編成だった。

空路と海路に分かれて台湾に向け出発、台南と高雄の中間にある六十一海軍航空廠に入った。

ここでも「誉」の発動機の不調や、脚のブレーキの噛みつきなどが大きな問題点だったが、落下タンクがうまく落ちない、という単純なトラブルも頻発した。「紫電」は決戦機ということで急速生産に入ったため、タンクの落下テストも満足に行なわれないうちに前線に出てしまったからだ。また、なぜか尾輪の求心装置のワイヤーがよく切れた。

だがここで修理班は、大小さまざまの問題を手際よく処理して、現地部隊の活躍を助けるとともに、有効な情報を川西本社に送った。

前線での死闘

紫電修理班の作業もようやく軌道に乗りはじめたころ、急病でたおれた岩下大尉のかわりとして、白根隊長が内地の戦闘七〇一飛行隊長に転出することになり、部隊と別れて内地に帰った。

新しい隊長を迎えた七〇一飛行隊は、すぐに九州宮崎基地に進出し、台湾、フィリピン方面の戦況にそなえて待機した。

果たせるかな、敵機動部隊は台湾を襲うべく、ひそかに忍びよってきた。

十月十二日早朝、台湾南部の東港基地を飛び立った九〇一空の索敵飛行艇隊は、台湾最南端のガランピ岬の百度から百三十度の間、百六十カイリに敵機動部隊四群がいるのを、機上のレーダー・スクリーンにキャッチした。

午前三時四十分、この報告によって台湾全島に空襲警報が発令された。
東港水上基地のすぐ北方にある高雄大崗山基地には、この日の空中戦闘にそなえて毎日猛訓練をつづけてきた、甲飛十期生の搭乗員を主力とする新鋭「紫電」戦闘機隊——第三四一航空隊（獅子部隊）戦闘四〇一飛行隊が展開していた。

中国大陸から高高度偵察に飛来するP38双発双胴戦闘機「ライトニング」やB29超重爆撃機「スーパーフォートレス」を迎撃のため、高度一万メートルの上空哨戒は主要日課のひとつになっていたが、この日はアメリカ艦上機との交戦とあって第一回の上空哨戒機は、勇躍して暁闇の中をつぎつぎに離陸していった。

——やがて、日の出とともに朝雲がうすれ、輝くような大空が大きくひろがった。その青空の中に、きらきら光るものが……。

「飛行場上空、高度五千、敵グラマン戦闘機の編隊！」

対空見張員のあわただしく叫ぶ声とともに、「全機発進」の信号旗が揚げられた。

列線にずらりとならんで待機していた「紫電」は、

「紫電」一一型甲。最初の量産型一一型の機首の7.7ミリ機銃を廃し、主翼に20ミリ機銃２梃を追加した武装強化型である。伸縮式引込脚や発動機の不調は前線でも悩みの種だった。

つぎつぎと殺気をはらんだ爆音、ものすごい砂塵をのこして高雄大崗山基地を飛び立っていく。時に〇六四〇（午前六時四十分）であった。

日本海軍基地航空兵力のホープである「紫電」局地戦闘機、そして搭乗員は鍛えぬかれた甲飛十期生。相手は米軍が誇るグラマンF6F「ヘルキャット」艦上戦闘機、搭乗員も歴戦の強者ぞろいである。上空哨戒機は突撃を開始し、ここに太平洋戦争ではじめての二千馬力級戦闘機同士の壮烈な空中戦が開始された。

やがて一機、また一機とグラマンが黒煙を残して落ちていった。あわただしく着陸し、燃料と弾丸を充塡しては、また舞い上がっていく「紫電」。紫のマフラーをなびかせて、必殺の決意を胸に秘めた搭乗員たちの勇姿は、颯爽として意気まさに天を衝く勢いであった。

山田武夫一飛曹は、このときグラマンF6Fを四機撃墜していたが、米軍戦闘機の編隊はつぎつぎと絶え間がなかった。

やがて大空に白い落下傘の花がひらき、台湾のすきとおった秋空のなかにまぶしく輝いて降りてきた。この落下傘の主は、平川英雄一飛曹だった。彼はF6F戦闘機三機を撃墜するとともに機銃弾がつきてしまい、四機目に体当たりしたのだった。

体当たりされたF6Fは、左に傾いてそのまま台湾の西海岸に向かって機首を突っこんでいった。そして、彼の愛機「紫電」もまた……。

あとからあとからとつづくグラマンの群れ、激闘に激闘をつづける「紫電」戦闘機隊。その中からまた一つ白い落下傘の花が開いた。深沢柳二・一飛曹だった。

一三〇〇、台湾上空の六時間におよぶ大空中戦は終わった。

落下傘降下した深沢一飛曹は、火傷のために戦死。吉瀬不二夫、今井和澄、都築登、奈須義夫、中川進、友広芳久一飛曹らは、それぞれ未帰還となってしまった。

〝輝かしい戦果〟のなかの尊い犠牲であった。だが、この〝若獅子〟たちの奮戦は、日本海軍戦闘機隊の奮起をうながし、引きつづき製作中であった「紫電改」戦闘機に貴重な教訓と希望をもたらしたのであった。

（『散る桜・残る桜』甲飛十期会編より）

敵機動部隊の艦載機と戦った「紫電」のパイロットたちは、修理班の竹内や田中らに、「紫電」は零戦より弾丸の命中率がいい、といって喜ばせた。たくましい彼らの話に耳を傾けながら、竹内たちはようやく量産準備が進行中だった「紫電改」の前線進出の日を思って、胸がおどった。

「紫電」戦闘機隊が、基地上空でグラマンF6Fと死闘を演じていたころ、台湾、沖縄およびフィリピンの基地を発進したT攻撃部隊を中心とする多数の攻撃隊が敵機動部隊に殺到し、四日間にわたる「台湾沖航空戦」が開始された。しかし、「彗星」「天山」「銀河」、陸軍の重爆「飛龍」などをふくむ数百機の新鋭機を投入しての大作戦も、各部隊間の連絡の不備や指揮系統の乱れなどから戦力の集中がままならず、散発的な攻撃になってしまった。

これが結果的に波状攻撃のかたちとなり、アメリカ艦隊を終日おびやかすことになったが、敵の完璧な防御戦闘機網と言語に絶する対空砲火にはばまれて、攻撃側は逆に大きな犠牲を強いられた。

T部隊の夜間雷撃隊も勇敢に戦ったが、主力のほとんどが未帰還となり、さらに悪いことに、戦果の誤認によって作戦に大きな齟齬《そご》をきたす結果となった。

紫電隊の悲劇

グラマンをたたいた紫電隊にもさっそくお返しがきた。

台湾に強力な戦闘機のいることを知った敵は、「獅子部隊」の本拠である高雄と台南をつぶすべく、約百機のB29を中国奥地の成都から発進させたのである。

数機から十数機の梯団にわかれたB29は西方から侵入し、午後零時半から二時間にわたって航空基地と航空廠を爆撃して徹底的に破壊してしまった。

盲腸手術後、経過が思わしくなかった岩下大尉はその後、横空付となり、酒巻中将以下のフィリピン方面の戦訓調査班に加わり、帰路、B29空襲直後の高雄にたちよった。

「B29の絨毯《じゅうたん》爆撃をうけ、飛行場や建造物、とくに第六十一航空廠《かんぷ》は、その広大な構内を周囲のコンクリート塀をのこして、まったく箒《ほうき》で掃いたように完膚なきまでに、へんな言葉ではあるが奇麗さっぱりと破壊しつくされていた。私はそれを見て、ちかい将来、内地の都市がこのB29の攻撃を受けたときの姿を予測して慄然《りつぜん》とした」

これが岩下のいつわらざる印象であったと同時に、戦訓調査報告の大きなテーマともなった。

三四一空は、さいわい山奥の大崗山不時着場に移動してことなきをえたが、紫電修理班の面々は戦訓調査班の話によって、フィリピンのセブでの拙劣な戦闘を知らされた。

当時、この方面での空戦の様相は、ラバウル航空戦のころとはまったく正反対の、いわばグラマンF6Fのひとり舞台といったありさまで、かつて零戦搭乗員たちが〝ペロ八〟とよんで軽蔑したP38ですら、低空で零戦を追いまわすほど、勝運に乗った彼らとの戦力は逆転していた。

充分なレーダー施設もなく、索敵機はほとんどが敵戦闘機に食われてしまうとあっては、目と耳を失ったも同然で、戦闘の主導権は完全に敵の手に握られていた。

戦訓調査班の報告によると、九月十二日、アメリカ機動部隊が突如、セブ島を襲い、この地区にいた第一航空艦隊の戦闘機隊の主力をほとんど全滅させてしまった、というのだ。

第一航空艦隊といっても、航空母艦を基地とする機動部隊とちがい、陸上基地を不沈空母に見立てて、移動しながら作戦しようというもので、守勢に立たされたわが方の受け身の姿を、端的にあらわしていた。略して一航艦とよばれたこの大航空部隊には、豹、鵬、狼、隼、獅子といった動物の名がつけられていたところから、冗談まじりに〝動物園〟などとよばれた。

セブには一航艦の戦闘機隊の主力である二〇一空の零戦約百機が展開して待機していたが、索敵や情報伝達のまずさ、指揮官の判断のあやまりなどから完全な奇襲を受けたかたちとなり、ほとんど一方的な負け戦さに終わったのである。

トラックやサイパン空襲以降、こうしたわが方の作戦の不手際から、虎の子の飛行機を大量に失うことが多くなったが、紫電隊も、のちに同じような悲運に見舞われることになる。

米軍がレイテに上陸して、はげしい攻防戦がはじまった昭和十九年十一月中旬、三四一空は応援のため台湾からフィリピンに飛び、クラーク航空基地群の一つ、マバラカット飛行場には、三十機あまりの「紫電」が翼を休めていた。

——昼ごろだったので、パイロットたちは指揮所で昼食をとっていた。突然、空襲警報のサイレンがけたたましく鳴り出した。クラーク基地群は連日、敵機の空襲が日課となっていた。邀撃戦の離陸は、一分一秒を争う。少しでも敵より優位の高度をとるためで、それが空中戦の常識である。

パイロットたちは愛機に飛び乗り、エンジンを始動し、すぐにも飛び出せる準備はできた。ところが、『発進待て』の命令のみ、待てど暮らせど指揮所から『発進』の命令がでない。そのうち飛行場上空に殺到した敵機は、よき獲物とばかり『紫電』めがけて機銃掃射のため突っこんできた。パイロットたちは、命からがら飛行機から防空壕に飛びこむのがやっとだった。

発進の命令が出なかった原因は、たまたまパイロットの中に士官がいなかったので、指揮官となる士官を探してまごまごしている間に時機を失して、いたずらに敵に手柄を立てさせたのである。

（前出『散る桜・残る桜』より）

紫電修理班は紫電隊とともにフィリピンに渡り、マルコット基地ではげしい航空戦を体験したが、ここにいた三週間ほどの間の最大の事件は、なんといっても「神風特別攻撃隊」の出撃だった。

十月二十五日、関行男大尉の指揮する敷島隊の爆装零戦五機が、敵空母群に体当たり攻撃をかけたのに端を発し、ぞくぞくと特別攻撃隊が出撃していった。

極度の緊張からか、出発する特攻隊員たちの目が異様につり上がっているのを、軍属である竹内や田中たちは、軍人たちとはちがった悲痛な思いで見つめた。

もうひとつは、「紫電」戦闘機隊の結成いらいずっと飛行隊長をつとめ、事実上の紫電隊生みの親ともいうべき白根斐夫少佐（中佐に進級）の戦死だった。

はげしい戦闘を目前にした体験の中から、多くの戦訓をまなびとった紫電修理班は、十二月七日早朝、ダグラスDC3型の貨物機に便乗してクラーク基地を出発、途中、台湾経由で十二月十四日、無事に内地に帰ることができた。四ヵ月ぶりに出社した田中が目にした工場では「紫電改」の生産が進み、主力が完全に「紫電」から「紫電改」に移ったことを感じさせた。

事実、このころすでに横須賀では、歴戦の勇者菅野直《なおし》大尉を隊長とする最初の「紫電改」戦闘機隊、戦闘三〇一飛行隊が飛行訓練を開始していたのである。

戦果を支えた強力な機銃

零戦いらいの大口径主義

紫電修理班の田中によると、「台湾沖航空戦のとき、整備員たちは自分の部隊の戦果より、内地から来たばかりの『紫電』の方が戦果が大きいのでくさくさしていた」という。

その「紫電」の戦果を支えたのは、零戦より強力なエンジンがもたらす高速と力強い上昇力、自動空戦フラップ、そして二十ミリ機銃四梃の強武装であった。

戦闘機の任務の第一は、相手を射ちおとすことである。

弾丸をより多く運ぶことができ、いかにうまく相手をとらえ、正確で有効な射撃をあびせることができるか——性能のすべてがそれに集約される。空戦性能も高速も、あるいは航続距離も、とどのつまりは最後の一撃のためのものであり、火力が貧弱であったり弾丸を射ちつくして攻撃能力を失ってしまった戦闘機など、もはや無力な存在でしかない。

零戦いらい、日本海軍の戦闘機は大口径機銃を採用し、小口径多銃主義が主流のアメリカやイギリスとは、思想を異にしていた。七・七ミリ十二梃のホーカー「ハリケーン」、十三(十二・七)ミリ六梃のF6F「ヘルキャット」やP51「ムスタング」、同じく八梃のP47「サンダーボルト」などにたいし、零戦が二十ミリ二梃にサブとして七・七ミリ二梃、「雷電」「紫電」「紫電改」は、いずれも二十ミリ四梃と、およそ対照的だった。

これには、「百発百中の砲一門は、百発一中の砲百門にまさる」といった東郷元帥いらいの一撃必殺的な考えや、むかしの剣豪の真剣勝負まがいの、格闘戦における名人を目ざした戦闘機パイロットたちの気風などが、おのずと海軍の兵装担当者たちの、新型機にたいする要求に反映されていたものといえよう。

口径の小さい機銃は、数も多く装備でき、携行弾数も多いし、発射速度もはやいという利点がある。二十ミリとなるとドッドッドッといった重厚な感じで、単位時間当たりの発射弾数は少ないが、戦闘機や艦爆ぐらいだったら、一撃で吹っとぶほどの破壊力があった。

第13図　翼下面の20ミリ機銃取付要領

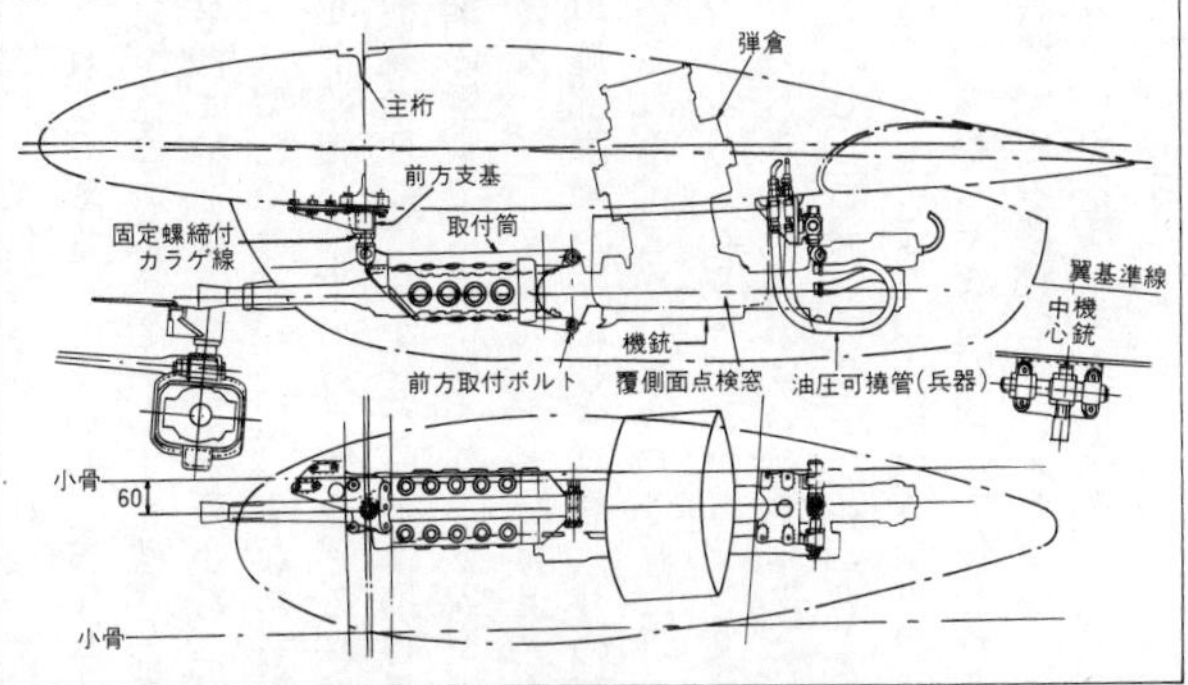

太平洋戦争の初期から中期にかけての圧倒的な零戦の活躍も、この二十ミリ機銃の威力に負うところが大きかった。「紫電」の元になった「強風」の武装は、ライバルだった中島の二式水戦やその原型となった零戦一一型と同じく、機首の胴体内七・七ミリ機銃二梃および主翼の二十ミリ機銃二梃だった。

携行弾数増加の要求

大部分を「強風」そのままに受けついだ「紫電」も、初期の一一型（N1K1-J）は同じだったが、この型は鳴尾工場で二百五十号機、姫路工場では五十号機までで打ち切られ、あとは胴体内の七・七ミリを廃止して二十ミリ機銃四梃に武装を強化することになった。

しかし、もう二梃の二十ミリ機銃を主翼内に入れるには、かなりの設計変更を要するので、応急策として二梃は翼下面に吊り下げよう、ということになった。

取付位置は、翼内銃をずらして、弾倉がぶつからないようにし、機銃全体を流線形のカバーでおおった。カバーをはずせば、容易に取り付け、取りはずしができ、調整も楽にできるようになっていた。

これが「紫電」一一型甲（N1K1-Ja）で、カウリング表面の胴体内七・七ミリ機銃口は、生産の都合でそのまま残されていた。一一型甲は、鳴尾で二百五十一号機から五百五十号機まで、姫路で五十一号から二百五十号機まで、合計五百機が生産された。

一一型乙では、二一型、すなわち「紫電改」と同様、四梃とも主翼内に収めるとともに、ベルト給弾式に改められたが、これはやや後のことである。

機銃の性能に欠かせないのは携行弾数の量、つまり一銃当たり弾丸を何発積めるかだが、初期の零戦では六十発入りドラム型弾倉だったため、連続して射つと、およそ十秒くらいでなくなってしまった。これではせっかくの二十ミリ機銃の威力も充分に発揮されない、という実施部隊の声に応じて百発入りの弾倉が空技廠で開発され、「紫電」では最初からこれが装備された。こうして改良された二十ミリ機銃を四梃積むことによって、携行弾数は合計四百発となり、ハワイやフィリピンで活躍した零戦一一型や二一型の各六十発、合計百二十発にくらべると、火力はいっきょに三倍以上に強化された。

しかし、百発（一銃当たり）でもまだ足りない、もっとふやせ、という要求がすぐ起きた。そうなると、より以上に大きなドラムにしなければならないから、戦闘機の薄い翼内への装備がむずかしくなる。地上で使われる機銃とちがい、はげしい運動をともないながら使われる戦闘機用の機銃には、大きなG（重力の加速度、もしくは慣性力）がはたらく。Gの影響は、目方がふえるほど大きくなるから、この点からもドラム型の弾倉では、携行弾数をふやすには限界がある。

これにたいし、ベルト式にすると機体の方のスペースと重量さえゆるすなら、いくらでも積める、というところから、この方式の開発が急がれることになった。

このベルト給弾方式は戦局に重大な影響をおよぼすとあって、機銃の権威である日本特殊鋼の河村正弥博士によって開発が進められ、試作品の完成とともに空中実験が昼夜兼行で行なわれた結果、昭和十八年夏には実用化のメドがつき、「紫電」および開発中の「紫電改」に取り入れられることになった。

「紫電」一一型乙。一一型甲のドラム型弾倉式20ミリ機銃をベルト給弾式に改めて薄い主翼内に収めた型で、携行弾数が大幅に増加、翼下面のポッドを廃して爆弾懸吊具を装備した。

射撃精度の高かった「紫電」「紫電改」

日華事変の前まで、戦闘機の機銃はすべて胴体内にあったから、機軸に平行に取り付ければよかった。ところが、零戦が出現して主翼内に機銃を取り付けるようになってから問題が起こった。

後の「紫電」や「紫電改」でもそうだが、零戦の左右両翼に装備されている機銃は、四メートル以上はなれているので、弾丸がこの間隔で平行して飛んでいったのでは、弾丸が散らばって命中精度がわるくなる。

そこで、左右の機銃を、それぞれ一定の角度だけ内側に向けて取り付ければ、前方のある一点で両銃の弾道が一致する。それと同時に、弾道低下量（弾丸が自分の重さで、先に行くほど下がる割合）を見込んで、わずかに上向きにしておく。

はじめのころは、これをもっぱらパイロットのかんや経験に頼っていたので各機ごとにまちまちだったが、昭和十七年の秋に横空戦闘機隊長花本清澄少佐が、二十ミリ機銃の命中率を高めるには、射撃実験を通じて最適の機銃取り付け角度を解明すべきである、と主張し、実験を開始した。

実験は、漁船がまだ出漁してこない早朝、無風の日をえらんで約一ヵ月半つづけられた。この結果、左右の機銃の射線が飛行機から二百メートル先で胴体中心線上に交差するようにすると、命中率がもっとも高くなることがわかった。もちろん、上下方向も弾道低下量だけ上向きとし、同じく二百メートル先で、胴体中心軸線上に全機銃弾を集中するようにした。

この場合、二百メートルより先では、左右の機銃弾がわずかに交差するようになる。

こうして、機銃の弾道を前方の一点に集中するよう取り付けて調整することを、「筒軸線整合」といっていたが、いそがしい戦地で簡単にやれる装置が考案されて、威力を発揮した。

まず飛行機の尾部を持ち上げて、機軸を標的に正対させ、機銃の口径と同じ直径の筒を銃口にさしこむ。この筒の横にのぞき眼鏡を取り付け、プリズムによって機銃の前方を見えるようにしておく。整備員は、この眼鏡をのぞきながら機銃を動かし、標的をレンズがとらえた位置で固定する、というきわめて簡単なやり方だった。

こうした試みは、すべて零戦で実施され、ほぼ見とおしがついた時点で、タイミングよく「紫電」や「紫電改」に採用された。零戦と「紫電」を射撃面でくらべてみると、零戦は機体の強度が弱いために、急激な運動では主翼がわずかにねじれ、本来二百メートル先で交差すべき弾丸がひろがってしまうことがあったようだ。

エンジンや脚の故障でとかく不評だった「紫電」も、こと射撃にかんしては、パイロットたちから命中精度が高い、とほめられ、のちに三四一空紫電隊の台湾、フィリピン方面進出につきそって行った紫電修理班の川西の技術者たちも肩身をひろくした。

「紫電改」についても、海軍側の主席テストパイロットだった志賀少佐は、横空における模擬空戦の結果を「照準しやすい飛行機だ」と評していた。

ベルト給弾式の新式銃

命中すれば威力は大きいが、携行弾数の少ない二十ミリにたいし、七・七ミリの方は、一銃当たり六百発以上搭載できた。これは連続発射でも四十秒以上つづいたので、零戦のベテランパイロットたちは、まず七・七ミリ機銃を射って曳光弾が命中しはじめるのを見きわめてから、最後のとどめに二十ミリを射ち込む、という両銃の特色を生かした射撃法を行なっていた。

「紫電」(初期の一一型は別)および「紫電改」になると、七・七ミリがなくなって二十ミリだけになったが、ベルト給弾方式の採用で携行弾数がふえたので、パイロットたちも安心して射てたらしい。

零戦の場合は、せっかくのベルト給弾方式(五二型甲から実施)も、主翼の構造およびスペースの関係から、最後まで百二十五発以上つむことはできなかったが、はじめからベルト

第14図　「紫電改」の20ミリ機銃装備図

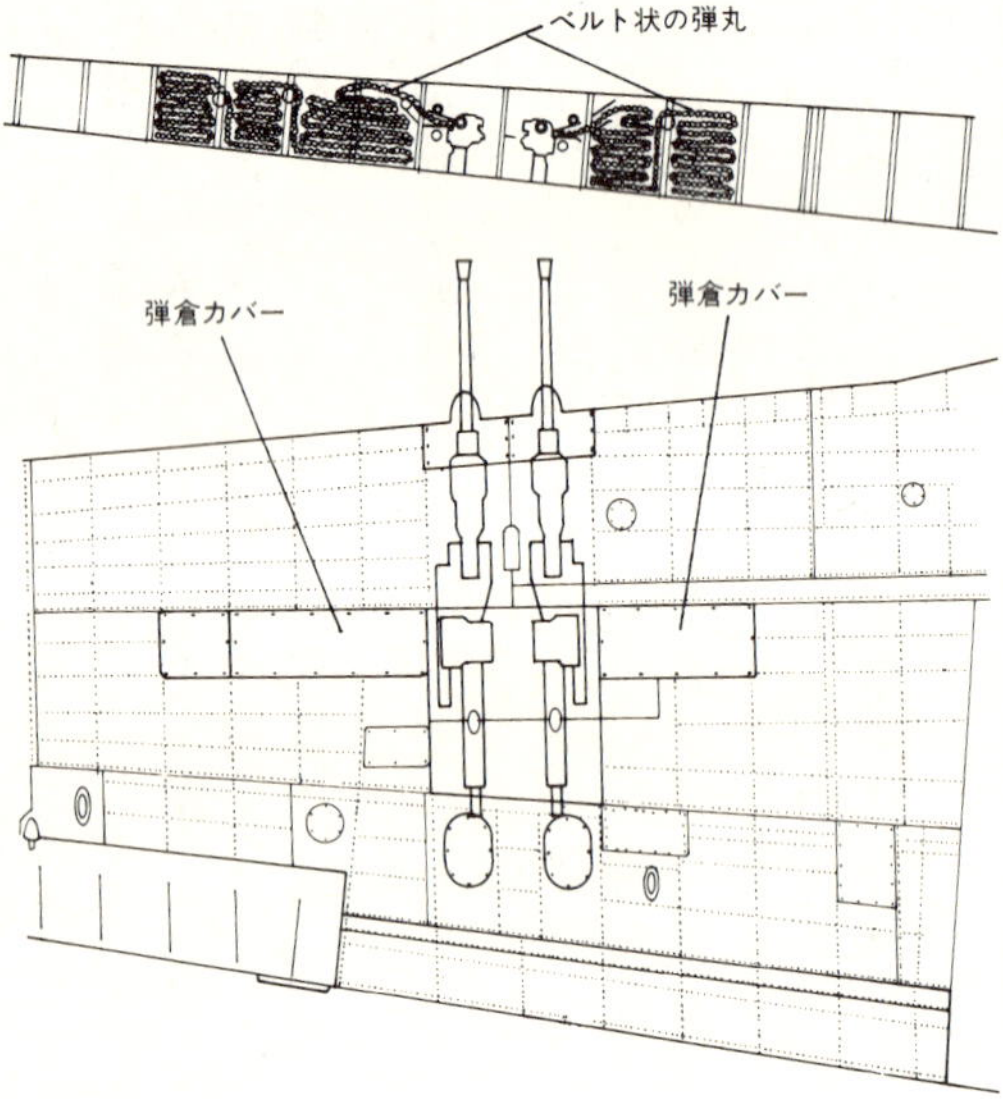

給弾方式の採用を前提に計画された「紫電改」では、一銃当たり二百発ずつの搭載可能な弾倉がおさまるように翼小骨の配置なども考慮され、給弾装置なども零戦の経験をすべておりこんであった。

弾倉が変わっただけでなく、あとになると機銃そのものも高性能の新型になり、威力が増した。

それまでの零戦や「紫電」一一型甲に搭載されていた九九式一号二十ミリ機銃は、口径の割にはきわめて小型で、九七式七・七ミリ機銃の重量十六キロにたいし二十三キロと、十三ミリ機銃なみの軽さだった。

第15図　20ミリ機銃弾の構造

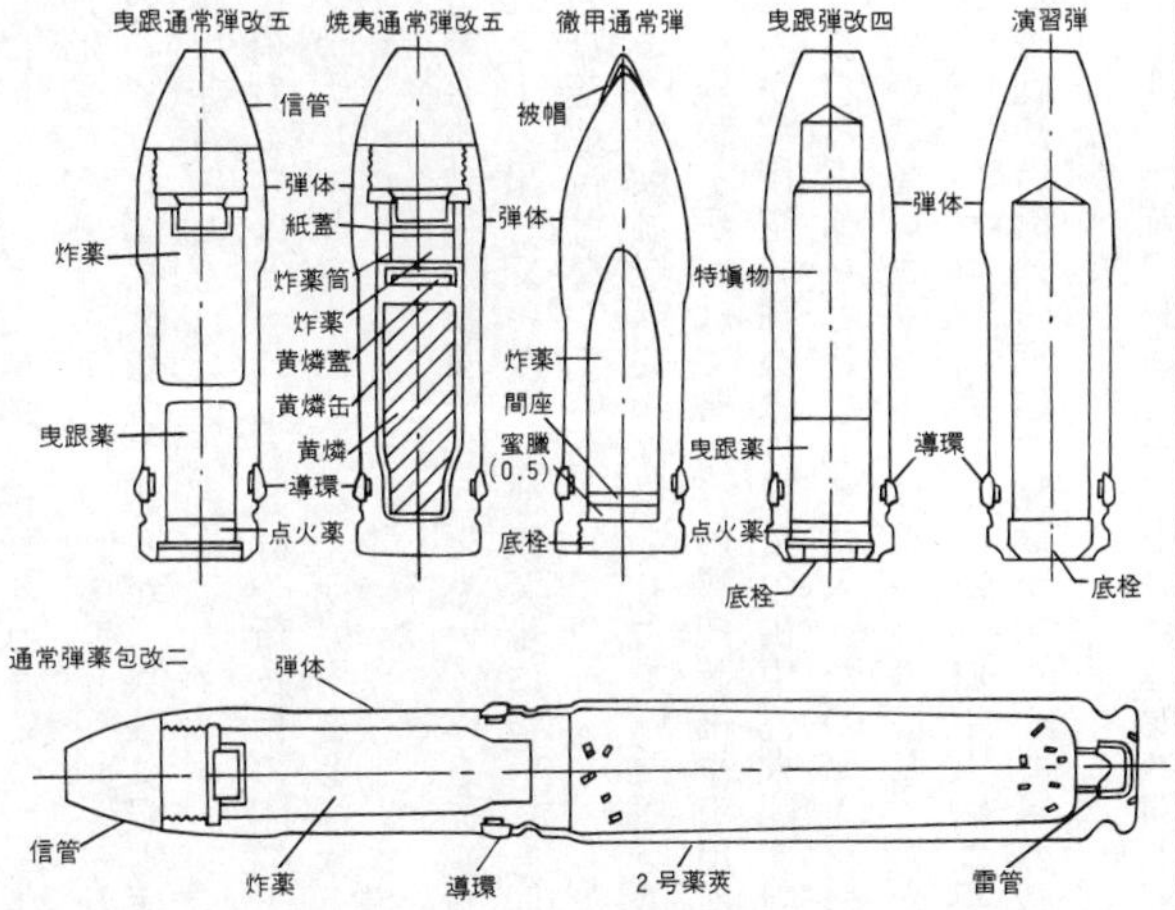

二号銃は銃身が一号銃より約五十六センチ長くなって、重量は十キロほどふえたが、それまでの一号銃の初速毎秒六百メートルにたいし毎秒七百五十メートルと弾丸のスピードも増し、弾道の低下量も少なくなって射撃精度もいちじるしく向上した。

機銃の弾丸の初速は、はやいほど弾道低下量が少なく、命中率が良くなる。空技廠の実験によれば、一号機銃だと五百メートル先では弾道が一・五メートル低下したが、二号銃ではその半分以下になった。

こうして着々と武装の威力強化がはかられたが、ここに大きな問題があった。

精巧であるとはいっても、飛行機の機体そのものは二ミリや三ミリくらいの寸法誤差があるのはふつうだが、機銃の方は、いわば精密機械みたいなものだから、別口にでき上がった機体と機銃をうまくマッチさせる、いわば両者の摺り合わせみたいな作業が必要になる。

いってみれば兵装艤装であるが、兵装に限らず実務や経験を必要とする艤装にかんして、日本は非常におくれていた。

技術者たちはどうしても設計や新技術の開発といった仕事に目を向けがちで、使いやすく、メンテナンスがらくにできるようにするというような実務的で地味な仕事を軽視する風潮があった。

この日本技術の特長の一つともいうべき先端技術と現場的技術の落差の大きさが、艤装の遅れを生み出していたが、機銃装備についても同様で、膨大な海軍の航空研究組織の中の一種の真空地帯となっていた。

そこで実験航空隊的な性格をもっていた横空戦闘機隊の一部で、これを引き受けることになり、経験をかわれて機体への機銃装備や実用面での工夫、改良について大きなはたらきをしたのが、横空戦闘機隊分隊長の田中悦太郎大尉であった。

なにしろ志願兵として海軍に入ったのが大正の末というから、二十年以上も海軍のめしを食っている超ベテランで、体格もりっぱだったから、彼より階級が上の少佐や中佐ですら一目おく、というコワイ存在だった。田中大尉は兵科出身の特務士官だが、飛行機の兵装、とくに戦闘機用機銃の実地の経験が深く、海軍の戦闘機で兵装について彼の手をわずらわさないものはなかった。

田中は、機銃の装備法や空中射撃精度の向上、あるいは故障の対策など、機銃の実用化の

第３表　海軍用主要航空機銃

項目＼名称	九九式一号固定三型	九九式一号固定四型	九九式二号固定三型	九九式二号固定四型	九七式固定	三式固定
口径 mm	20	20	20	20	7.7	13
弾量 g	123	123	123	123	11.2	52
初速m／秒	600	600	750	750	750	800
発射弾数／分	520	550	490	500	1,000	800
機銃重量 kg	23.0	27.0	33.5	37.6	12.8	30.0
全長 mm	1,331	1,331	1,890	1,890	1,033	1,550
銃身長 mm	812	812	1,250	1,250	721	
給弾方式	弾倉60発	ベルト式	弾倉100発	ベルト式	ベルト式	ベルト式

面で大車輪のはたらきをした。なかには、いまならさしづめ特許や実用新案に相当するような考案も、かなりあったようだ。

「こうした研究をやるには、やはり専門のセクションを設け、実験飛行隊を持つべきだったと思う。それがなかったから、私のような実務でたたき上げた者がやらざるをえなかったが、どうしても細かい改良やクレーム処理などに追いまくられ、もうひとつ高い次元での機銃装備の進歩といったものが果たせなかった」

とは田中の反省の弁である。

機銃の組み合わせの変遷

二十ミリ機銃四梃の「紫電改」の開発が川西の設計室で着々と進行していた昭和十八年夏、南太平洋の決戦場に零戦五二型が投入されたが、このころから二十ミリ機銃にたいする絶対の信頼に疑問がもたれはじめた。

アメリカ側がＰ47「サンダーボルト」、Ｐ51「ムスタング」、F6F「ヘルキャット」、F4U「コルセア」など重装甲の新鋭機をくり出し、パイロットは厚い防弾鋼板で保護され、燃料タンクも厚いゴムで覆われているため、さすがの二十ミリでも撃墜しにくくなったからである。

とくに、双発以上の対大型機戦闘においてその傾向がいちじるしく、敵の重装甲をうち破るのに、改めて初速の大きい十三ミリ機銃弾の徹甲能力が見なおされるようになった。また、第3表でもわかるように、十三ミリは二十ミリにくらべて発射速度が大きいため、同一個所にたいする命中弾の集中によってあたえるダメージは、二十ミリと甲乙つけがたいものがあった。

それにアメリカの十三ミリは、弾丸の直進性がよく、遠方からの射撃でも命中率が高かった。

こうした戦訓により、七・七ミリと二十ミリの組み合わせから脱皮したのが零戦五二型乙で、胴体内の二梃の七・七ミリのうち一梃を十三ミリ機銃にかえた。このあと、さらに武装強化が要求されたので、胴体内の七・七ミリをやめ、主翼の二十ミリ機銃の外側にもう一梃ずつ十三ミリを取り付け、二十ミリ二、十三ミリ三という重武装の零戦五二型丙が生まれた。「紫電」および「紫電改」は、ずっと二十ミリ四梃でおしたから、こうした変遷はなかったが、それでも志賀少佐の提案で、操縦席前方に十三ミリを一梃（計画では二梃）取りつけた試作機が二機つくられた。空中に上がってテストしてみると、発射のたびに出る煙が操縦席内にこもって前が見えなくなってしまい、田中の発案で、煙をいったん袋に入れて横から出す、という応急策が採られたことがあった。これは「紫電改一」（三一型、N1K3-J）とよばれたが、量産はされなかった。

重武装へのこだわりは、墜ちにくい対大型機空戦が想定されるようになるといっそう強くなり、「紫電改」より少し遅れて開発が進められていた高々度迎撃戦闘機「陣風」（十八試、J6K1、雑誌「丸」一九九三年七月号、八月号参照）は、なんと胴体内に十三ミリ二梃、主翼内に二十ミリ六梃というようにエスカレートしている。

戦闘機用の機銃として、十三ミリがいいか、二十ミリがいいか、あるいはどういう組み合わせがいいかについては論議の分かれるところだが、戦闘機用機銃とのながいつき合いを通じてえた個人的な見解を、田中はこう語っている。

「二十ミリ機銃は、たしかに命中すれば威力は大きかったが、これは当たればの話である。日華事変いらいの百戦錬磨のパイロットがいる間はよかったが、太平洋戦争の中期以降、急速養成の練度の低いパイロットがふえてからは、命中させることがむずかしくなった。

こうなると〝下手な鉄砲も数射ちゃ当たる〟式の多銃多発の機銃装備を採用したアメリカ側が有利で、これが編隊空戦方式によって射弾が倍加されるから、当たる確率が高くなり、未熟なパイロットによる一撃離脱の戦法にむいていたといえよう。

日本は、パイロットの名人芸ともいうべき〝一発必中〟にこだわりすぎ、機銃装備の面で誤りをおかしたといえるかもしれない」

第四章　戦火の中で

難航する生産

生産計画の混乱

最初、兵庫県の鳴尾にしか工場がなかった川西だったが、海軍の航空軍備増強にともなって甲南、宝塚、姫路、福知山など次々に飛行機工場を建設し、「紫電」試作機が飛ぶころには従業員三万名を越す大企業に発展した。

これだけの企業になると長期的な経営計画が必要だが、それには製品とその生産が安定することが望ましい。ところが戦争がはじまってみると、作戦用兵上の要求とやらで製品そのものが変わらざるを得なかった（たとえば飛行艇、水上機から陸上戦闘機）だけでなく、生産中の製品にたいする軍の改造要求もひんぱんとなり、生産計画の変更があいついで会社を悩ませた。

戦争だからといってしまえばそれまでだが、その辺の悩みを川西航空機の後身である新明和工業社史は次のように伝えている。

昭和十五年初頭の海軍の命令によって、飛行艇の専門工場とすることになった鳴尾の本社工場と新設の甲南製作所が、その設備をほとんど完成したにもかかわらず、十八年以降は大型飛行艇の製造機数が大幅に削減され、水上戦闘機（「強風」）の多量生産を命じられた。そしてそれから間もなく、水上偵察機（「紫雲」）の製造命令機数が減少し、続いて製造中止の指令が出た。

その後十九年に入って、陸上戦闘機の多量生産（「紫電」および「紫電改」）を命じられると共に、水上戦闘機の製造中止と飛行艇の製造機数の再削減が命令され、更に双発夜間爆撃機（「銀河」を改造した「極光」）の製造命令が出された。その都度、工場では作業計画を変更し、作業手順は大混乱した。

これに加えて、十九年初めから一年半ほどの間は、官給品である戦闘機用の発動機や主要専門部品の生産が間に合わず、機体は出来ていても飛べない飛行機が多いという状態が続き、生産は常に計画を下回っていた。

新しい飛行機が発注された場合、平時ならば十分に時間をかける研究、設計、試験、試作も、急迫したこの時期では、夜を日に継ぎ、それでもなお短縮せざるを得なかった。その結果、色々と技術上のトラブルも起こった。

このような隘路《あいろ》や混乱の中で、現場の生産作業に当たった人々の頑張りと苦労は、筆舌に尽くし難いものがあった。途中で何があっても納期は延ばせない。すべての皺寄せを引っかぶって、突貫作業の連続であった。毎日帰宅して寝る時間だけを残し、あとは何もかも飛行機の生産に打ち込んだ。早出、残業はもちろん、わずか月二回の休日も出勤して作業することが多かった。

量産体制確立

実戦部隊への配備もはじまり、生産が急がれていた「紫電」は鳴尾製作所でつくられていたが、「紫電改」のテストが好調のうちに進むにしたがい、鳴尾では「紫電改」の生産準備をするため、「紫電」の生産を新しい姫路製作所でもやることになった。

ここは原毛不足で遊んでいた日本毛織のメリヤス工場を買収したもので、それまで試作工場の主任として「紫電」や「紫電改」の試作を手がけてきた高橋元雄技師が姫路工場の組立主任になり、昭和十八年七月ごろから生産準備にかかった。

さっそく紡績機械をとりはらい、がらんとした工場に組立治具《じぐ》をすえて、なんとか格好をつけたはいいが、かんじんの人がいない。

総務とか資材とかの間接部門は、なんとか今までの人を使えるが、生産部門はそうはいかない。日本毛織からは、百人あまりの希望者がのこって班長、課長、部長と職制はそのままだったが、仕事の内容はがらりと一変しており、彼らを教育しなければならなかった。

最初は鳴尾工場からばらばらの機体を持ってきて、いわゆるノックダウンによる訓練からはじめ、鳴尾の班長、職長クラスを五、六十人引きぬいて、訓練を終わった人たちをその助手につけた。あとは徴用工の大群を配してしゃにむに生産を開始、十二月には姫路工場第一号機が完成した。

このあと生産のピッチも徐々に上がり、空襲でやられる前の昭和十九年八月、十月、十一月、十二月の四ヵ月は月産五十一機をキープした。

姫路より半年早く「紫電」の生産をはじめた鳴尾製作所では、昭和十八年中に七十機を送り出したが、海軍の配備要求にははるかにおよばず、会社にたいして強い生産力強化の要望があった。

「紫電改」の試作も一段落して試験飛行の日を待つばかりになった昭和十八年暮れ、強度試験課長の清水三朗が川西龍三社長に呼ばれた。

行ってみると、鳴尾の組立工場長をやらんか、という話だった。

前にも前原副社長から同じようなことをいわれていた清水は、「私は研究ならやれるが、人を使うことは苦手です」といって社長の要請をも断わった。

その日はそれですんだが、二、三日してまた呼ばれた。今度は社長も強硬だった。

「清水。お前の気持もわかるが、ここは研究所や大学とは違う。ものをつくる生産会社や。そんなところで、年をとって人もよう使えんようでは困るから、どうしても工場長をやらなあかん。なに、一生懸命やれば、そのうちみんなついてくるようになる」

年齢的にもそろそろそれなりの地位につかせたいとする龍三社長の、清水にたいする思いやりが身にしみ、再三固辞した末に組立工場長就任を引き受けることにした。

年が明けて昭和十九年一月、強度試験場から組立工場に席を移した清水は、さっそく彼のやり方で工場の能率改善に取りかかった。

清水が工場をまわってまず目についたのは人が多過ぎること。そして組長、班長にむかしからの年輩者が多く、彼らはやる気がなくて働かないことだった。

そこで人が多過ぎることについては、生産の専門家と一緒に生産目標から必要人員をはじき出してみた。

翼、胴体、尾翼、フラップなどの組立、塗装、全体組立、それに工場事務などの補助人員を入れても、月に「紫電」百機をつくるにはこの組立工場に三千人もいれば足りることがわかった。

それが、そのときすでに五千人もいた。昭和二十年になると、さらにふえて七千人にもなったのであるが、不要な人間が倍近くもいたのではかえって工場の能率を悪くする。

しかも余剰人員のほとんどが、仕事のことは何も知らない徴用工だからなお始末がわるい。彼らを使おうとすれば、仕事を教えこまなければならないが、それを全部教えこんだら、月に二百機以上できる計算になる。飛行機はせいぜい月に百機つくればいいから、そんなに人はいらない。それに彼らを教育するためには班長や熟練した人の手をかなり割《さ》かなければならず、その間、生産が落ちてしまうからこれも痛い。

川西は海軍の指定工場となり、海軍から枝原百合一、前原謙治の両中将をそれぞれ顧問、副社長として迎え入れたが、困ったのは彼らが生産問題にはまったくのしろうとで、原因はほかにあったのに、飛行機の生産があがらないのは人が足りないからだとして、まるで軍隊が兵員を増強するような感じで人をふやしたことだ。

川西は全国でも最初に国民徴用令の適用を受けた会社だが、そんなこともあって人が続々入ってきた。中にはどこかの銀行で課長をしていたとか、デパートの部長だったというような人もいたが、そんな人たちを現場に配属してもしようがない。

川西航空機の「紫電」の生産ライン。海軍の増産要求により、川西では鳴尾本社のほか数ヵ所に工場を建設、鳴尾では月産100機をめざしたが、部品の不足などから生産は難航した。

清水は、「何もしなくていいからじっとしていて下さい」といって、班長たちには戦力になりそうな人間だけを教えるようにさせた。

もう一つ清水がやったのは、古いやる気のないのはみんなやめさせて飛行場での整備やほかの工場の指導員にまわし、班長級を若返らせたことだ。その若い連中と毎朝綿密な打ち合わせをし、彼らを激励して現場に送り出した。

深刻なエンジン・部品の不足

こうした清水のやり方が功を奏し、一月には十六機だった鳴尾の「紫電」生産が、二月＝三十六機、三月＝五十機とうなぎ上りにふえ、四月にはそれまで最高の七十機にたっした。これで一気に百機を目指したが、五月の完成機体は九機に激減してしまった。

原因は部品不足、それも主として軍から支給されるエンジン、プロペラ、脚などいわゆる官給品が来ないためだった。

そのころ、鳴尾製作所に、軍需省から生産技術の専門家が生産の指導に来ていたが、二ヵ月くらいいて帰ってしまった。

「それというのも、『ウチは官給品のあるだけは組むが、ないぶんは組みようがない。その官給品を間に合うようにするのはあんたの責任だろう。その督促をしたらどうです』とはいわなかったが、そんな雰囲気になったので――」

と清水は語るが、生産技術の専門家なら、まず多すぎる作業人員を問題にすべきで、それを抜きにしていったい何が指導だというのが彼の本音《ほんね》だった。そのうえ生産のあがらない原因の第一が官給品の支給のおくれとあっては、何をかいわんやである。

実際、工場にとってそれは深刻な問題であった。

故障が多く信頼性に問題があるとされながらも、開発のおくれでこれ以外に頼るべき大出力エンジンがなかったため、戦争に入ってから計画された主力機種の多くが「誉」を装備することになり、中島だけでは間に合わないので、呉の海軍第十一航空廠でも生産されることになった。

しかし、それでもエンジンの供給はおくれ勝ちで、工場には首なし機体がずらりと並ぶことが多かった。仕方がないので、先頭の機体だけエンジンをつけて完成とした。組立工場では、一機でき上がるごとに日の丸の旗を立て、士気を高めるようにしていたが、その機体のエンジンはすぐはずされて、後ろの機体に取り付けるといった奇妙なことをやらなければならないほどだったのである。

だから五月の九機というのは、機体は相当な数ができていたのにエンジンがつかないため、完成機としてリストアップされなかったせいであった。

なんといってもエンジンは外部から入ってくる一番の大ものだったから、この出来、不出来が、関係者たちの頭痛のたねだった。呉十一空廠のエンジンは、中島の荻窪工場製にくらべて、品質がいくらか劣ったらしく、工場では荻窪製のエンジンを歓迎したという。

足りなかったのはエンジンばかりでなく、あらゆる物がそうだった。組立工場では清水工場長の主催で毎朝、作業の進捗会議が開かれたが、課題はいつも資材やパーツの不足だった。

とくに機体の組み立てになくてはならないリベットは、あらゆる飛行機工場で必要としていただけに、その確保には各社各工場とも必死で、神奈川県辻堂にあったリベット工場では、各社からやってきた資材担当者の間で、分捕り合戦が展開されるほどだった。

当時は、いまのように贅沢《ぜいたく》に自動車を使うなどとうてい考えられなかったから、会議が終わると担当者たちは、それぞれリュックサックを背負って各地に散って行く。交通手段は自転車、鉄道、それに徒歩。だから重い風防ガラスの担当者などは、たいへんな難行苦行だったらしい。

昭和十七年二月、中学校（今の高校に相当する）を卒業して川西に入り、「紫電」生産のころには鳴尾製作所の板金外注課準備係にいた武内正（大阪府枚方市）も、そんな苦労を味わった一人だった。

今の自動車でもそうだが、部品は社内でつくるものと、社外でつくるいわゆる外注部品とがある。そのどちらが遅れても生産ラインが止まり、作業者の手が空いてしまう。もちろん機体は完成しない。

外注部品は燃料タンクとか機体の一部といったまとまったものが多く、川西からそれらに使われる部品を供給してやらなければならない場合も少なくなかった。

「雪の降る北陸へ、重い重い部品をたくさんリュックにつめて行ったり、梅雨《つゆ》最中に防弾タンクの金具を持って伊丹の協力工場へずぶ濡れで行ったりしたが、少しも苦にならなかった。それは大好きな飛行機をつくっている、そういう会社に今働いているという喜びがあったからだろう」

このあと昭和十九年八月末、東京青山の近衛歩兵第六連隊に入隊した武内の、二十歳の思い出である。

昼夜兼行の組立作業

ほかの日本機にも共通した欠陥ではあったが、川西が陸上機に不慣れなことも手伝って、脚のブレーキの悪さは致命的だった。自動車でいう、いわゆる〝カックン〟ブレーキという奴で、四輪で重心の低い自動車とちがって、飛行機は姿勢が高く不安定だから、ブレーキの噛みつきや左右の不ぞろいがあると、逆立ちしてひっくり返ったり、まわされたりして、機体をこわしてしまう。

やっと整備が終わった機体が、テストの最後でこわされたのでは、整備員たちは泣くに泣けない気持だった。

設計と現場で、はげしいやりとりをくり返しながら、機体も具合の悪い個所は、つぎつぎに改良されていったが、それに戦訓による改修が加わり、生産の遅延にさらに拍車をかけた。

しかし、実戦部隊への引き渡しが急がれていたので、おくれをとりもどすために工場では、連続の徹夜作業が強行された。二十日間も家に帰らないといったことはざらで、工場では高《こう》粱《りゃん》や玉蜀黍《とうもろこし》の粉に米をまぜた握りめしを、それもなくなると、しまいには海草を下駄の歯状に固めて干したものを夜食として支給するなど、勤労関係の担当者は乏しい食糧集めに、飛行機の資材担当者に劣らぬ苦労をしいられた。

組立工場では、リベット打ちの轟音が一日中こだまし、戦場のような活況を呈していた。深夜になって疲れると、工員たちは、飛行機の下に蓆《むしろ》をしいて横になった。眼がさめるとまたリベットを打つ、といった具合で、新聞も読まず、今日が何日だったか忘れる者もでる始末だった。

組立工場は胴体、翼、胴体艤装、部品艤装、総組立など、五つのラインに分かれていたが、当時、胴体艤装工場のチーフだった竹内和男技師は、こう回想している。

「深夜の工場の床は冷えていたので、いけないことではあったが、工員たちは胴体の中で寝た。ここの方がいくらかあたたかかったからだ。

徹夜も計画的な場合は、夜食の準備があったからいいが、その予定でないのに作業が手間どって、いつの間にか徹夜になってしまうようなときは、寒さと空腹で弱った」

それでも、一般の作業者はまだ交代で家に帰れたからいいが、現場の責任者たちは、代わりがいないので一ヵ月以上も帰ることができず、清水工場長がベッドや毛布などを工面してくれたので何とかしのげたらしい。

昼は馬鈴薯《じゃがいも》四個に、漬物二切れといった粗食に耐えて、みんな頑張ったが、資材不足で部品があつまらず、月はじめはどうしても生産が上がらなかった。それが月半ばから月末にかけて、なんとか生産のピッチも上がり、翌月になるとまたダウンといった状態がつづいた。

工場長のストレスはたまる一方で、清水はしばしば癇癪《かんしゃく》を破裂させた。

「脚はまだか。おそいやないか」

「吸入筒はどうした。どないなってんのや」

脚はエンジン、プロペラとともに軍から支給される官給品の大物の一つだが、待ちきれないので会社から製造元の萱場製作所へ、夜行列車で取りに行き、ドンゴロスの袋に入れて一人一本ずつかついでくるのだった。

吸入筒はエンジンのキャブレターに空気を取り入れるため機首カウリング上部につく板金部品で、社内の部品工場でつくっていた。ジュラルミンの板から叩き出すのだが、絞りが深いため熱処理をしながらやっても割れることが多く、現場でいう〝オシャカ〟(製品にならない不良品のこと)をよく出した。そのオシャカ部品は見つかると叱られるので、内緒で海に棄てられた。

ふえる素人工員たち

生産現場は混乱の極にあった。

清水工場長の試算によれば、鳴尾製作所で月に百機の「紫電」をつくるには、三千人あれば足りた。もしできないとすれば、それは部品のおくれか戦訓にともなう設計変更によるものだったが、軍人たちは生産が上がらないのは人が足りないせいだとして、続々と人を送りこみ、ひどいときは今日五百人、明日八百人というようなこともあった。

「直接工を一人雇おうと思ったら、それだけではすまない。しかも遠いところからやって来る人が多いので、宿舎や食堂、それに病院その他の厚生施設もいる。すると直接飛行機をつくる作業にたずさわる人間一人にたいして、間接人員が一人か二人必要となり、そのためにまた人がふえた」

設計で動力関係を担当し、のちに地下疎開工場計画を担当した宇野唯男技師はそういっているが、際限なくふえつづける人に対応するため、会社は鳴尾、宝塚、甲南、姫路の各工場周辺に広大な土地を買収し、社宅、独身寮、食堂、病院などを次々に建設した。

それだけではない。戦争も三年目ごろから食糧が乏しくなり、自給のための農場までつくらなければならなかったが、こうした厚生用地面積は百五十万平方メートル、建築面積は四十万平方メートルを超えたという。

工場にやって来たのは、主として国家総動員法による徴用工で、その前歴はさまざまだったが、変わったところでは大相撲の力士や阪神タイガース、阪急ブレーブスなどの野球選手たちもまじっていた。

人気稼業だけに彼らは工場で働く女性たちの注目の的となり、なかには宿舎にまで押しかけられて逃げまわった有名選手もいたらしい。

力士たちには力仕事があたえられたが、食糧不足とあって大食漢の力士たちが何となくやせていくのを見て、女性たちは「かわいそうに」とささやき合った。

昭和十九年八月には学徒勤労、女子挺身勤労動員令が発動され、女子挺身隊や学徒動員の女学生たちも、各職場に配属されて殺伐な工場にちょっぴり色をそえた。

聖心女子大、夙川《しゅくがわ》女学校などの名門校や、海軍関係者の婦女子で組織されていた艑《みよし》会など、ふだんなら外に働きに出ることのない女性たちも、すすんで工場にやってきた。

もちろん、作業も羽布張りとか板金作業の型紙づくり、あるいは機体の日の丸の塗装など女性向きの軽作業が多かったが、なかには飛行場勤務を希望する勇ましい女性もいて、女子整備員も何人か誕生した。

女学生たちの中には、これまでの学校とちがい、工場にはかなり遠距離から通わなければならない者もいた。

ある女学生などは、八時に会社に入るため、五時起きして汽車を乗りついでやってきた。それほどまでして工場にきても、素人《しろうと》の悲しさで目立つほど能率は上がらないし、部品不足がそれに輪をかけて作業能率を低下させた。

徴用工《ちょうようよう》は、まったくの寄せ集めで、はじめは〝懲用工〟とあだ名されるくらい質のわるいのもいたが、日がたつにつれて彼らも工場にとけこんでいった。

しかし、気の荒い淡路島からきた挺身隊の女性たちには、現場の責任者たちも少々もてあまし気味だったらしい。

ほとんどこれといった娯楽のない日常だったが、ときどき慰問隊がおとずれ、競馬場のスタンドを一部残してあった鳴尾飛行場の事務所が、即席の演芸場にかわった。

若かりしころのディック・ミネ、三浦環《たまき》などに盛大な拍手が送られ、ときには宝塚少女歌劇なども上演された。こちらは女子挺身隊ですでに工場にいたし、楽団員も徴兵のがれに工場で働いていたから、音楽の指揮者もトランペット吹きも川西の作業服に戦闘帽姿といった奇妙な光景も見られた。

鳴尾で憩う前線パイロット

完成した飛行機は、本来なら川西の手で、指定された基地まで運ぶのが建て前だったが、会社のパイロットは完成機のテストで手いっぱいだったので、実戦部隊のパイロットが、遠くは台湾などからも直接領収にやってきた。

彼らは飛行機ができるまでの間、鳴尾に滞在し、予定の機数がそろうと飛び立って行ったが、生々しい戦場の臭いのする白や紫のマフラー姿の戦闘機パイロットの姿は、乙女たちの胸をしめつけるような凜々しさがあった。

あるとき、三機編隊で離陸しようとしたうちの一機が、飛行場の端にあったクレーンに翼をひっかけて墜落するという事故が起きたが、パイロットたちは実戦の雰囲気そのままに、かなり荒っぽいことをやったらしい。

外地の前線、あるいは内地の部隊から飛行機の領収にやってくるパイロットたちにとって、鳴尾は魅力的なところだった。酒どころの灘に近く、しかも会社の接待はいたれりつくせりだったからで、領収に来てもすぐに飛行機を引き取って帰るということはなく、何日かの逗留がつねだったから思いがけない骨休めになった。

会社は彼らを近くの遊廓に泊めて接待していたが、あるときその接待の役が、工場の現場進捗をやっていた平木本一にまわって来た。

平木の記憶によれば、それは昭和十九年十一月中旬、台湾沖航空戦のあとフィリピンでの戦闘が激化していたころで、飛行課から、

「九州鹿屋から中尉が一人で来たが、あと二人そろうまで、三、四日、西宮の遊廓で待ってもらうことにしたから、君がその案内をしてやってくれ」

と、連絡があった。

すでに本土も敵機動部隊艦載機の行動圏に入っており、単機の領収飛行は危険なので、必ず三機編隊で飛ぶことになっていた。三、四日中にはあと二人くらいは来るだろうし、その間に整備機を三機そろえることもできる。

平木はあたえられた役目に当惑した。海軍軍人の接待なんて初めてだし、真面目一方の彼は遊廓がどんなところかも知らない。考えあぐんだ平木は、フト原図現場の金加羅《きんから》という組長のことを思い出した。

名前からしていかにもいわくありそうなこの組長は遊び人らしく、いつも西宮の遊廓での遊びを面白おかしく話していたからで、平木は金加羅組長にことの次第を説明し、要領を教えてもらった。

「ま、うまくやんな」

組長に激励されて、平木はその海軍中尉殿を市内の天明楼という遊廓に案内した。

紺の制服に飛行服をつめ込んだボストンバッグ一つという軽装の中尉は、慣れた様子で二

階に上がるとすぐに酒の注文をし、待つほどに女が酒肴の膳を運んで来た。

平木が見ると、目鼻立ちがすっきりした、とてもこんなところで働く女とは思えないほどの美人である。中尉も同じ思いだったらしいが、話がはずむうちに、その女が着物のそでをまくって左腕を見せた。そこには何と〝勝利〟の入れ墨がしてあり、それが気に入ったか中尉殿は、その女とすっかり意気投合した様子だった。

〈あとは女にまかせればいい〉

気をきかせて平木は退席したが、翌日やって来た二人の下士官もここに案内した。

そして三日後、飛行課から「三機編隊の領収よろしい」との連絡があったので平木が天明楼に迎えに行き、ぶじ初の大任（?）を終えた。

飛行機をつくった乙女たち

動員された女学生

アリューシャン列島の日本軍陣地があったアッツ島の守備隊が玉砕して間もない昭和十八年六月二十五日、「学徒戦時動員体制確立要綱」が閣議決定されたが、翌十九年八月二十三日にはこれをさらに強化した「学徒動員令、女子挺身勤労令」が発令された。

学徒動員というのは、戦争が激しくなるにつれて増産要求が強まったにもかかわらず、男子工員の召集などで働き手が不足して思うように軍需品の生産があがらなくなったのを補うため、中学や女学校（現在の高等学校）の上級生および師範学校（教員養成の専門学校）などの生徒を軍需工場で働かせようとするものであった。

この政令にもとづき全国の学校から多くの学徒たちが、学業をなげうって工場に動員された。川西にもこうした学徒たちが続々とやってきた。

そんな中に、徳島県立富岡高等女学校（現富岡東高校）四年生約百六十人もいた。彼女たちは甲南製作所に配属され、昭和二十年三月の卒業を機に工場を去った者もいたが、一部の生徒たちは終戦までをここで過ごした。

この期間は十ヵ月足らずに過ぎないが、もっとも多感な乙女時代のこの経験は彼女たちに忘れ難い思い出を残し、戦後四十年も経ってから当時の体験を綴った文集『琴江川』を出版した。この中には彼女たちが工場や寮生活で体験したできごとが赤裸々に書かれているので、それらの記述をつなげて当時の様子を振り返ってみよう。

なお本の題名『琴江川』は、学校の裏を流れる川の名からとったものだという。

学徒動員――それは私たちの青春にとって、かけがえのない貴重な体験だった。昭和十九年十一月七日夜、私たち富岡高等女学校四年生百数十人は、学徒動員で神戸へ向けて出発した。富岡駅（現在の阿南駅）のホームに長い列を作って並んでいる光景が、おぼろげに目に浮かんでくる。次第に激しくなる戦争の中で、親許を離れて軍需工場へ行くといっても悲愴感は全然なかった。日本の勝利を信じて疑わず、私たち女学生もお国のお役に立たねばという使命感に燃えていたように思う。
――近藤富美子（旧姓安部）
出発までの準備期間中、学校での話題はもっぱら学業よりも学徒動員という初体験への好奇心からか、そこには悲壮感はなく奇妙な開放感があったと、記憶しております。そして十一月七日……夜の富岡駅から「花も蕾の若桜……」と学徒動員の歌で送られ、私たちもまた合唱しながら特別列車に乗りこんだときは、なぜか胸の昂ぶりを覚えながら出発して行ったことが印象深く思い出されます。夜中は船の中で、翌朝には深江に降り立ち、川西航空機製作所への第一歩を踏みました。　――岡田節子（旧姓西本）

　高松から宇高連絡船に乗り、岡山を経由して三宮で降り、それから阪神電車に乗りかえて深江の駅に着いた。工場の女子寮は駅から五、六分歩いたところ。一部屋八人が同室で、部屋の広さは八畳、一人一畳の割である。

まず荷物を解き、食堂等を案内されてからお風呂に入る。夜九時には部屋の前の廊下に並んで先生の点呼を受ける。消灯後布団に入ると、人絹ばかりの裏表、共切れの布はずるずるでたいへん冷たかった。

　工場から胸当てのある作業ズボン、帽子、日の丸の鉢巻きを支給される。二週間ほど仕事について講習を受け、実習をしてから現場に配属になった。現場には工員さんの組長がいて、私たちの作業について指導をして下さった。仕事は飛行機の部品作りである。ジュラルミンの板を切断したり電気ドリルで穴を開けたり、鑢《やすり》をかけたりする作業で、割合に簡単な仕事であったが、私達にはどの部分の部品を作っていたかは教えてもらえなかった。飛行機は四発のH8輪送機（二式大艇）と、双発で、P1と言う戦闘機（「銀河」の夜間戦闘機型「極光」）を作っていた。朝から昼まで、それから夕方までぶっとおしの作業であった。たまには工場内を見学したり、格納庫に入れてあるH8に乗ったりもした。

工場から帰ると、寮長さんや寮母さんが笑顔で迎えて下さった。夜は皆で楽しいひととき
を過ごした。家に手紙を書いたり話をしたり、家から送って来たものを皆でわけ合って食べ
た。お麦の粉、お米、大豆のおいり、お餅などであった。食事は量も少なくまずいものだっ
たが、お腹が空いてみんな平らげていた。でも豆粕のご飯だけは「のど」を通らなかった。
——土井恭子（旧姓小林）

食堂の朝のメニューは、豆粕の入った御飯と人参の葉っぱが浮いた塩味のお汁だけであっ
た。祝日だけはお赤飯とお頭付きのお魚とデザートが付いていた。ひもじくて、ひもじくて、
みんなと顔を合わすと「餓死しそう」というのが挨拶がわりだった。
——天羽久子

第五信親寮が私たち富女生の寮でした。この寮で学友と生活し、苦楽を共に助け合い、励
まし合って、ただ一つ大東亜戦争に勝つという目標に向かって、学業を捨ててただただ軍用
機の生産に青春のエネルギーを出しきった。寮の一部屋は七、八人で私の部屋は、新居さん、
生野さん、湯浅さん、石本さん、片山さん、清さん、鎌田（私）の七人が寝起きをして楽し
く語り合い、仲よく生活した。ときには、ホームシックにかかり星のきらめく夜空を眺め、
遠い徳島がなつかしく、母に逢いたくなり涙で頬をぬらした。末っ子で甘えん坊の私は、気
が弱くて駄目だった。

冬なのに火の気のまったくない寒々とした部屋、一日おきに風呂へ入ったときだけ暖がと
れた。薄い布団にもぐり込み、それでも昼の仕事の疲れで間もなくぐっすりとねむってしま
う。朝、目が覚めると冷たい水で顔を洗い、ステープルファイバー（スフ、戦時中や戦後にあ
った生地で今はない）というすぐ皺になり破れやすい生地で作った制服、といっても当時は

国民服といって富女だけの制服でなく、どこの女学校も同じに統一された服であった。それを着て工場から支給された作業ズボンをはく。頭におうど色（当時は国防色といっていた）の戦闘帽をかぶり、その上から、日の丸と「神風」の文字が書かれた白地の鉢巻きをしめる。動員に来る前、自分で縫った紺色の「防空鞄」と「防空頭巾」を肩にかけ、草履をはいた身なりで毎日出勤して働いた。

——岩佐久美子（旧姓鎌田）

過酷な作業

最初は実習訓練。ハンマー打ちからはじめる。ハンマーで鋲を打たないで指を打って血豆をつくる者が続出した。夜になり電車の踏切りがちんちん鳴ると、故郷が恋しくて誰からともなくしくしく泣き出した。まだまだ幼なかった。しかし、一週間も経つとすっかり馴れて、戦闘帽をかぶり全員歩調をとって工場の門をくぐるようになった。海につづく広大な敷地に航空機の部品から組み立てにいたるまでのいくつもの建物があり、私たちはいくつかのグループに分かれ、各職場に配属された。「H8」といわれる輸送機と、「P1Y2S」といわれる二人乗りの特攻機を作っていた。私たちの職場は班長以下十人くらいのグループで、工員さんたち、高専の男子学生一人に私たちで、主な仕事は機内の配電函に数十本の電線を入れ、それぞれボルト、ナットで繋いだり、はんだ付けをする仕事だった。真冬のコンクリートに立ったままの作業で、若いとはいえやはり一日働くとぐったり。寮に帰って教科書をひらくなど思いもよらぬことであった。

食事はアルミの二段食器に入った大豆入りまたは大豆滓入りの御飯にシチュー。葱《ねぎ》と鯨肉が入っていたと思う。毎日同じものがつづいたが、もちろんみんな平らげてしまった。ある日、学徒だけ食堂の二階に上がるようにいわれた。その日は珍しくビーフステーキである。六ヵ月間の動員生活で、あとにも先にもたった一度の御馳走であった。味はともかく、たとえその肉が草鞋の様に堅くても。ほかの工員さんや挺身隊の人にまでゆき渡らなかったのであろう。一日の仕事を終えて寮に帰ると寮母さんが優しく迎えてくれる。玄関正面の大きな黒板に「本日の便り」「本日の小包」の知らせがあり、それを見るのが楽しみであった。

——桂やすえ

望郷の念にかられる心を抑えて、紺の胸当てズボンに会社のマークの入った帽子をかぶり、神風の鉢巻きをしめて毎朝寮を出るのでした。実習工場では金切り鋏が思うように使えず、手のひらに豆を出しながら頑張った鉄板切りの作業や、錐《きり》先が振動してなかなかきめられた位置に穴があけられなかった電気ドリル。それに板金作業や鑢《やすり》がけなど、馴れない作業に一生懸命で挑戦しました。

それから幾人かのグループに別れて、現場へ配属されて行ったのは、六甲の山々が冬の装いに変わりはじめた初冬であったと思います。

私は艇体工場でした。広い工場には大きな作業機の作動する音や、エンジンの響き、鼻をつくような塗料の臭い。こうした中で男子工員に混じって学徒動員の学生、女子挺身隊の人たちが大勢黙々と働いておりました。

島田さんと私は男子工員の小脇さんの手伝いをすることに決まり、工場中央の軌道に乗った大きな機体へ部品の取り付け作業に行く日がつづきました。忍び寄る寒さに手はかじかみ、コンクリートの床から靴を通して伝わって来る冷気に足は氷のように冷たく、感覚を失うほどでした。手も足も霜やけで赤く腫れあがり、やがて紫色に変色して痛み出すのです。辛い毎日でした。私だけでなく友達も同じでした。でも〈勝つまでは、勝つまでは頑張ろう〉と心にきめていたのでしょう。誰もが黙って作業をつづけました。

――松原ツユ子（旧姓滝本）

神風鉢巻きをしめ、腕には学徒動員の腕章をつけ、工員さんに教えていただいた作業は、ステンレス製のエンジン防火壁にドリルでねじを留める仕事でした。一日中立っての仕事は腰がちぎれるほどつらく、手に豆ができ、寮に帰るとへたへたと寝たものです。でも「日本が勝つまではへこたれません」の合言葉で、人生の一番楽しくそして勉強したい時期でしたが、十七歳の乙女たちは一生懸命働いたものでした。

――井坂季子（旧姓湯浅）

私たちは、神風の鉢巻きを締めて、飛行機の部品をつくるべく、それぞれの部署に分かれた。私の部署では、青写真を見てジュラルミンに罫書《けが》き、鋏で切り、ヤスリで研いで、電気ドリルで穴をあけ、ハンマーでビョウ打ちをします。熟練しないうちは、失敗することがあった。そんなとき工員の人がオシャカができたと言った。「血の一滴よりも貴重なビョウ一本」とあって失敗は許されない。

緊張の連続で作業が終わるとくたくたになった。ジュラルミンを鋏で切るときに指の節がわれて血がふき、ヤスリで研ぐときにジュラルミンの粉が入って、痛みに耐えかねて診療所へ行った。傷を見るだけで治療もしていただけなくて、ハリバ膏、スワノジールと書かれた札を出すだけなので驚いた。

――天羽寿子

二週間くらいだったか研修期間がすぎて配属された職場は、電線の切断だった。信号灯とか、機尾灯、左翼灯、右翼灯、などなど並べられた手板通りの寸法を机にきざみ込まれた物さしで測り、十一の電線を切断し、ハンダ付けの工程へまわす仕事だった。

八十人乗りの輸送機H８、戦闘機P１が製作されていたが、私たちが入って間もなくH８は不要な事態となり、ひたすらP１の電線を切った。月に何度か行なう朝礼で、二度増産表彰を受けて金一封の一円札が一枚、祝儀袋の中に入っていた。

食事がウドンの入った御飯から大豆の混じった御飯になり、やがて牛馬に喰わせる豆粕入りの御飯に変わっていったが、なぜかみんな奇麗でふくよかな女学生だった。闇市場で買った洗顔クリームのせいか、三宮まで買い出しに行ったクリームのせいかもしれない。

そのころは、いま新聞、テレビを賑わしているいじめなど思いもよらない姉妹愛のあるみんな心豊かな女学生だった。ある日のこと、私は足の裏が痛くて歩くのに苦痛を感じ、鎌田久美子さんに医務室に連れて行ってもらった。底膿みである。「痛いが我慢しろ」軍医のような人は遠慮もせずに、たった鋏一つで化膿した回りをパチパチと丸く切り取った。その痛さには目から火花が散った。泣きじゃくる私を抱きかかえてくれた久美子さんの胸のあたたかさは、いつまでも私の胸に残る友の情である。

——久米和子

空襲下の生活

戦争も激しくなり、空襲警報発令は毎日のことでした。

ある日、同室の友と必死で御影まで、クリーム（化粧）を買いに外出しました。きっと乙女心がそうさせたのでしょう。それも、空瓶を持って行かないと売ってくれません。さっそく故郷の母に手紙を書き、空瓶を送ってもらいました。白い冷たいクリームを買い求めての帰り道、空襲になり、何度も壕に避難しながら、死にものぐるいで寮まで帰りました。寮では、先生やみんなが心配して待ってくれていました。ちょっとお叱りを受けました。

それからという毎日、朝、白い冷たいクリームを、私たち乙女の顔にぬるのがうれしくてたまりませんでした。

私たちの工場での仕事というと色々な部品づくりで、ジュラルミン板のやすりかけでした。小さなジュラルミン板にやすりをかけるのが楽しく、たいへんおもしろかった。飛行機のどこにそれが使われているのか知りたくて、一度、飛行機に乗ってみたのも覚えています。

毎日一緒に仕事をしていた男の工員さんは山路さん（大阪）、山本さん（高知）、山田さん（石川）の三人で、私たちに色々な話をよくしてくれました。三人ともやさしく、よく働く工員さんでした。

ある日、私たちが山田さんと型抜き作業をしていたとき、山田さんが怪我をしました。ジュラルミンを置いた上から、ハンドルを力一杯回して型を抜くのですが、突然、山田さんが大きな声で「アッ痛い」と叫んだのです。私たちは、びっくり仰天、見ると山田さんの手がペシャンコになり、顔が真っ青になりました。あわてて山田さんと医務室まで走りました。手当の結果はたいしたことはなく、ホッとしましたが、そのときはあやまることを忘れていました。それから山田さんは、何日か白い包帯をまいて仕事をしていました。

痛いのを辛抱して働いている山田さんの顔が、今でも浮かんできます。山田さん、本当にすみませんでした。どうぞ私たちをおゆるし下さい、と言いたい気持です。今も私の心に残る嬉しい、悲しい想い出です。

――平田美代子（旧姓田中）

配属された仕事場は第三組立工場「南電気」（その反対側に北電気がある）で、仕事は主に電気ドリルの修理であるが、初めはオッカナびっくり、漏電しているのも知らずにうっかり触って飛び上がったりした。何しろ直るのを目の前に立って待っているものだから、よけい気があせって失敗も多かったが、だんだん馴れてきて手際よく修理できるようになっていった。

そうこうしている間にもときどき警報が出て、近くの山まで走っていたのであるが、ある日、電話が鳴るので「ハイ南電気です」と返事をすると、ただ今警戒警報発令とのこと、思わずあたりを見回したがそんな気配はない。一瞬キョトンとする。するとと笑いながら、いま組長がそっちへ見回りに行ったからとのこと。北電気からの連絡である。「アア、了解。どうもありがとう」といったあと、みな慌てて仕事に熱中している振りをし、仕事のない者はその辺を片付けるふりをする。そっと入って来て後ろで立っているだけで一言も口をきかないから何とも落ち着かない。出ていってくれてヤレヤレと思う。そしてときにはこれが逆になる。「モシモシ」「ハイ北電気」「警戒警報発令」「ハイ了解」こういうことが日に一回、それから毎日つづきました。

――津田恭代

工場の作業は何班にも分かれており、部品のようなものから組み立てまで色々あって、各班を巡回するだけで半日はかかった。飛行機の完成工場であるため鋲打ちが非常に多く、この組み立てに要するモーターを修理する班にも生徒は割り当てられた。

電気の勉強は全然、学校でやっていないのに、女学校だから十分知識があると見て、交流二百ボルトの高圧をいきなり使わすのです。それで、この班だけやむを得ず工場の現場で、電気の初歩から勉強しました。しかし上達は速く、十日ぐらいの間に修理ができるようになり、私が帰るときには寮の電気が故障したときには、モーター修理班の者でなおせるようになりました。

——久保　学（付き添いの先生）

私は整備室に配属されました。

アラッ、機械のことさっぱりわからんな……飛行機の操縦席の前に備えられている自動操縦装置の仕組みなんか。スイッチを入れると、水平儀が動き、いま飛行機が何度傾いているかがわかるよう横に油槽と水銀の入ったガラス棒がつながっており、油を熱するとその水銀が上がっていく。そして水平儀が動く。

水銀の動きだけを教えてもらって見つめていたらよいので、思ったより楽な仕事でした。それに寒い冬に室内でできる仕事なのでありがたかった。友達はコンクリート床の上でハンマーを持ち、冷たいジュラルミンと対決して寒い中で耐えているのに、自分はこれでいいのだろうかとすまない気持だった。いま墜落事故が報道されるにつけ、責任重大な仕事をよくも平気でやってきたものだと反省させられます。

——柏原カヨ子（旧姓戸田）

私の職場は、橋本和通美さんと一緒で、ハンマーや錐《きり》、鑢《やすり》などの工具を貸し出したり、古い物と新しい物を交換する工具室での仕事です。工員に無理を言われて困ったこともありましたが、班長はじめ、みなさんに優しくしていただきました。厳寒にも風邪ひとつひかないで頑張りました。付き添いの先生方（男女二人）が毎日、私たちの職場を親切に巡視して下さり、嬉しく思ったものです。

何といってもそのころは食糧難で、ひもじかったことはいまだに忘れられません。メンコの蓋をあけると「ムーッ」と鼻をつく豆粕の匂いのご飯と、味噌汁の実は、太い一切れの葱か、または菜の花の蕾のついたひと枝です。とても満腹など、夢のまた夢です。

頼みの綱は家からの小包でした。あるとき、喜んで小包を開けて、「はったい粉」と思って石鹸粉を友達が食べかけて大笑いをしたのも今では懐かしい想い出です。寮での同室の友達は家族同様で、誰の包みもみんなの物でした。

夜の消灯までの時間は勉強などできる環境ではなく、父母兄弟に便りを書いたあとは、お茶ばかり飲んで歌をうたって、ホームシックを紛らし、眠られない夜は、「山」「川」などと呼び合ったりもしました。空襲警報が頻繁となってからは、靴、鞄、帽子などを頭上に置き、服を着たまま寝ました。

——向島秀子（旧姓村上）

生徒は学徒動員に来るとき、そのお母さんたちが晴れ着を持たせてやっていました。もちろん、それを着せるためではなかったのです。

戦争中ながら一月一日だけは作業も休みという命令であったので、生徒の側から、その持って来ている晴れ着を着たいという希望がありましたので、当直舎監に申し出ましたが、なかなか許可してくれませんでした。しかし、何度も何度も懇願に行った結果、やっと寮内だけという許可が下りました。

殺風景な寮も、この日一日だけは花が咲いたように若い娘の雰囲気でむせ返って、私たちも戦時下を忘れて楽しませてもらったが、せっかく持っていた晴れ着もあの日だけで、のちの空襲で灰になってしまったのでした。

――久保　学（前出）

工場での卒業式

早春三月、工場で日夜飛行機の生産に励んでいた彼女たちにも、卒業の日がやって来た。

「卒業式には家へ帰れる」と思っていたのに、案に相違して卒業式も工場で行なわれた。父兄も下級生もなく、ごくわずかの先生方が見守る中で「あおげば尊し」にかわって、「海征かば水づくかばね……」と歌う卒業式だった。それも途中空襲になれば中止と、淋しくあわただしいものだった。

――上田洋子（旧姓古河）

新しい人生への門出としての卒業式、本来なら名士の方々、恩師、そして在校生、たくさんの人たちの祝福を受け、未来への夢をふくらませて母校へのお別れとなるのですが。私たちの卒業式はすごく簡素なものでした。

当時の校長先生（菅原佑音先生）は卒業式の告辞に、

〝卒業式　機械の音が伴奏す〟

と俳句で表現されたことを思い出します。

昭和二十年三月二十八日――これが私たちの卒業式、そして人生への旅路のはじまりでした。

式が終わると、帰郷組と居残り組に分かれました。私もすごく家に帰りたかったことを思い出します。

――篠原ウタ（旧姓上野）

居残り組は五十名ほどで、富岡高女附設教員養成所に進む人が主だった。そして卒業式から二ヵ月たった五月十一日の工場大空襲を経験することになるのだが、さいわい一人も犠牲者を出さずに終戦を迎えた。

彼女たちのほとんどが空襲で卒業証書を焼かれたが、それから三十三年目の昭和五十三年三月、新装成った母校の同窓会館で改めて卒業式が行なわれた。

「焼失した卒業証書に替えて新しい卒業証書を掌に、伝統の校歌を合唱したときには万感胸に迫る思いであった」

かつて動員学徒として川西で飛行機をつくった乙女の一人である幸田旨子（旧姓吉永）は、文集『琴江川』にそう書いている。

元海軍中将の猛烈副社長

川西航空機への功罪

戦時中の川西航空機にとって、この人の存在は功罪なかばするものがあった。

すでにたびたび述べたように前原謙治副社長は予備役の海軍中将で、海軍航空技術廠長（二代目）をつとめたあと昭和十五年十月に川西にやってきた、今でいう天下りだが、経営とか企業の損益などといったことにはまったく無頓着で、もし戦時下でなかったらとっくに会社をつぶしていた人だった。

とはいうものの、元海軍中将の肩書きを棄て、この人なりに民間企業人になり切ろうと努《つと》めた点はさすがと思わせるものがある。

こんなことがあった。

「紫電改」試作一号機が完成し、昭和十九年元旦に初の試飛行のため海軍航空技術廠飛行実験部の志賀淑雄少佐と古賀一《はじめ》中尉が川西本社を訪れたとき、会社の幹部と昼食をともにした。このとき同席した会社の幹部は、川西龍三社長、前原謙治副社長、橋口義男航空機部長らだったが、志賀によれば小柄な副社長の、きわめてていねいな対応が印象的だったという。

あとからその人が、前の海軍航空技術廠長だと聞かされた志賀も「へ、えー、あの人が……」と、首をかしげるほどの慇懃《いんぎん》さで、およそ噂に聞くモーレツ副社長のおもかげは、どこにも感じられなかった。

海軍の将官から民間入りした前原副社長には、それなりにいろいろ苦労があったようで、軍にたいしては会社のいいこともわるいことも、実質的にこの副社長が責任を負っていたらしい。

この半年後、志賀が急降下テストをやった際、補助翼の羽布がはがれて舵の効きがおかしくなり、危うく降りてきたことがあった。（第三章参照）

当時の飛行機の動翼（方向舵、昇降舵、補助翼）は、前縁部をのぞき布張りがふつうだったが、この布を小骨にぬいつけていたスタッピングが切れたのが原因だった。

それまでに経験したことのない高速での急降下から起きた新発見の事象だったが、工場の不注意によるものだとしてかんかんになった海軍は、航空技術廠に川西の責任者として前原副社長を呼びつけた。

　ここの大会議室には歴代廠長の写真が飾られており、前原の写真は二番目にあった。ちょうどその部屋で自分の写真を背にして、自分よりはるか後輩の大尉か少佐ぐらいの担当者にきつく叱られる羽目になった元廠長の心中は、どんなものだったろう。この人は、戦死した山本連合艦隊司令長官と同期であった。

　それ以前からもそうだったが、前原の副社長就任と前後して海軍からぞくぞく人が川西にやってきた。しかも海軍の管理工場であったところから戦争の激化とともに、この企業の実質的オーナーであり本来の経営トップである川西龍三社長の影が薄くなった。

副社長宅なぐりこみ事件

前原は社内を海軍式に一変させようとし、民間流の合理的経営を目指す川西社長との考えの喰いちがいが、会社の指揮系統の混乱と生産効率の低下をもたらした。

「副社長横暴！」

　古くからの社員たちの目にはそう映り、その不満が飛行課岡本大作飛行士の副社長宅なぐりこみ事件を引き起こした。

「海軍中将がなんだ！」

　酒をしたたか飲んだ岡本がそう怒鳴りながら前原副社長の私邸に押しかけ、ガラス戸をたたき割るなど大暴れした。さすがに家の中には入らなかったが、その動機を岡本は『テスパイ人生』の中でこういっている。

「いかに戦争遂行のための国策とはいえ、棚上げされた社長が気の毒で私は我慢できなかった。

そのうえ、飛行場にいる海軍の整備隊の隊員にはまともな服装があたえられていたのに、沖縄から集団で徴用されてきた少年たちは素足で働かされていた。少年たちの粗末な服装を見るにつけ、あまりの差別に怒りがこみ上げた。

ある晩、空腹に耐えかねた少年徴用工たちが、近くの陸軍高射砲隊の倉庫から乾パンを盗んだ。私は飛行場長代理だったので謝りに行き、盗んだぶんだけ乾パンを弁償することを約束させられた。さいわい海軍監督官室の配慮で何とか約束を果たすことができたが、それや、これやが鬱積《うっせき》していたらしい」

翌朝、二日酔いの頭で岡本が〈ちょっとやり過ぎたか〉と後悔していると、副社長からお呼びがかかった。

学生出身の海軍予備中尉だった岡本は、元海軍中将への反抗だから相応の処分は免れられないと覚悟を決めて出頭したところ、案に相違して、前原は上機嫌でいった。

「岡本か。昨夜の件だが、なかなか元気があってよろしい。手をけがしたそうだが、早く治して飛んでくれよ」

岡本はホッとすると同時に、猛烈副社長の意外な一面をのぞいた気がした。

手の傷は十針も縫うほどの重傷だったが、負けん気の岡本は左手をつったまま三日目から飛行機に乗った。

海軍式工場運営の弊害

強度試験課長の清水三朗が組立工場長になったのと同じ昭和十九年一月、十三年入社の平木本一《ほんいち》（徳島市）は、鳴尾製作所の「紫電」「紫電改」進捗係長を命じられた。企画部企画課所属で、部長は河野博、課長は足立英三郎。進捗係長といえば聞こえはいいが、その業務は各部品工場を駆けまわって部品を少しでも余計にかき集めることだった。

部品の集まらないのは決して進捗係の責任ではないのだが、数があがらなければいたたまれないので督促に歩く。そうやって一日置きに徹夜で、仮眠は部長室のソファーの上だった。それでも足りない部品がボロボロ出て、作業が停滞する。

「清水さんにはよく怒鳴られたが、本当にこわかった」

とは平木の述懐。

あるとき、平木は足立課長から、「紫電」の組立作業の進捗が一目でわかるよう、主要部品の集まり具合および機体の完成進度状況一覧表をつくることを命じられた。それによって今月は何機、来月は何機と完成機数の目安がつくようにというのだ。

部下とともに部品工場を督励してまわるかたわらそれを苦心してつくり上げたところ、「紫電」の進捗会議が副社長の部屋で開かれた。

平木が足立課長のお供で会議の部屋に入って行くと、副社長と並んで肩から金モールを下げた海軍の高級将校が大勢いた。

さっそく「紫電」の生産がおくれている理由と完成引き渡しの目標について、会社側のたしかな説明を聞こうということになった。

説明にあたって必要な進度状況一覧表を工場事務所に置いてきたことに気づいた平木は、すぐ事務所に電話してそれを持ってくるように命じた。しかし、いくら待っても来ないので、気になった平木が二階の窓から何気なく下を見ると、進度表を持ってくるよう頼んだ部下が監視員につかまってどやされている。

平木が降りて行って訳を聞くと、「こいつはダラダラ歩きおってたるんでいるから、気合を入れていたところだ」という。

当時、川西は人が多くなりすぎ、しかも仕事のない人間がたくさんいて、構内をぶらぶら歩く姿が目につき、みっともないからというので前原副社長が海軍なみに「通路は駆け足で通れ」と命令を出した。そして海軍からつれてきた下士官あがりの監視員を要所要所に立てたり巡回させたりして見張らせた。

彼らは外だけでなく工場内も巡回して、怠けたりサボったりしている者を見つけると、海軍のバッター、海軍精神棒とか精神焼き入れ棒とかいわれていた太い樫の棒で尻を叩いたが、部品待ちや作業管理のまずさから手待ちの者までがそれをやられた。

なかには巡回がやってくるのを見はからって蛇口の水を頭からかぶり、さも仕事で汗をかいたように見せかける要領のいいのもいた。

軍隊式管理のわるい面が持ち込まれたのであるが、平木の部下の場合は事情がちがっていた。彼は足が悪く、駆け足をしようにもできなかったのだ。

平木はそれを説明して、なおも渋る監視員から部下を救い出し、進度一覧表と付属資料をもらって再び会議に臨んだ。

翌日、これも海軍から来た下士官あがりの労務課長に平木は呼ばれたが、ことの次第を前原副社長に話したところ、「よし」といってすぐに片《かた》をつけてくれた。さすが元海軍中将の威光であった。

工場倉庫でのできごと

平木よりずっと古く、見習工員として昭和六年に入社した鳥本泰次郎（兵庫県芦屋市）にも前原についての思い出がある。

ずっと板金関係の現場が長かった鳥本は、鳴尾製作所で「紫電」の生産がはじまったころ、成形工場のブレーキプレスという部門の担当だった。

成形工場では機体に使われる板金の単一部品（ジュラルミン製がほとんど）をつくっており、次工程の中間組立（サブアセンブリ）をやる第一および第二板金工場に引き渡すのであるが、鳥本は成形工場全体の部品管理および進捗係も兼ねていた。

成形工場でつくられた単一部品は、胴体、翼、尾翼、艤装などに分けて保管され、次工程である板金工場の半成品倉庫に、必要な時期までに納入して保管されるのだが、飛行機の機体部品はおびただしい数にのぼり、すべての部品製作を同時に進めることはできないので、どうしても数にでこぼこが生じる。そこで余裕を見込んで、成形工場での部品づくりは約一ヵ月先行することになっていた。

戦後、新明和工業になってから、鳥本は国産化されたロッキードP2Vの部品を手掛けたことがあったが、このときはアメリカのやり方に従って、部品はサブアセンブリより三ヵ月先行することになっていた。

「アメリカのように先行期間が三ヵ月もあれば苦労はなかったが、一ヵ月くらいの先行ではいつも追いかけられているような気がして、心の休まるときがなかった」

と鳥本は語るが、ちょうど「紫電」の生産遅延が問題になりはじめた昭和十八年暮れごろ、第二板金工場からクレームがついた。

「一部の成形部品が不足で、工場での組立作業に支障が生じている。これは成形工場の責任である」

というのだ。

さっそく会議が開かれ、鳥本も帳簿を持って出席したが、成形工場の帳簿では○月△日にその部品は引き渡し済みになっていた。

それを見せて、「このとおり渡してある」といったが、第二板金工場の進捗係は「受け取っていない」という。

結論を得ないまま会議はもの別れに終わったが、事務所に帰って一息ついていると、第二板金工場の主任と「受け取っていない」といった進捗係員がやってきた。そして驚いたことに、その後ろに前原副社長の姿があったのである。

〈しまった――〉

現物を確認せず、帳簿だけで「渡し済みだ」と答えた自分の軽率さを悔やんだ。どうやらそれは重要な部品らしく、もしなかったら鳥本の責任であり、弁解の余地はない。

顔面蒼白になった自分を意識しながら、副社長、第二工場主任、同進捗係員と一緒に、第二板金工場の半成品置き場のある中二階の階段を上った。

そこにはおよそ三十に近い部品棚があり、鳥本は第二工場進捗係員と一緒に見てまわった。副社長と工場主任はその様子をじっと見つめている。

およそ三分の一も見終わったころ、探し求めていた部品が目に入った。ときめく胸を押さえながら、荷札で部品名と部品ナンバーをたしかめる。まちがいない。

「あった、あった」

思わず大きな声で叫ぶ鳥本。

そして、

「二度も三度も探したのに……」

と、がっくり肩をおとす第二工場進捗係氏。

鳥本の勝ちであった。

そのあと、前原は鳥本に、

「よくやったのう。ほかに困っていることがあったら、遠慮せずにいってみい」

といってねぎらった。

副社長ともあろう人が、何で小さな部品一つにかかわるのか。そんなことは現場にまかせ、会社の経営トップとして解決を迫られているもっと重要な問題がたくさんあったのではないかという批判も当然生まれようが、前原なりに努力していたことは認めなければなるまい。

同時に、華やかな機体の組立ラインに供給するための部品をつくった人たちの地味な働きも、である。

フィリピンの激戦

三四一空の死闘

戦局は急速に推移しつつあった。

台湾各地をたたいて暴れまわった敵機動部隊は、引きつづきフィリピンを攻撃、しかも上陸を企図していることが明らかとなったので、総力をあげてこれを阻止しようとする日本軍との間に、太平洋戦争最大の航空決戦がくりひろげられることになった。

昭和十九年十月二十日、アメリカ軍がレイテ島に上陸すると、航空特攻作戦が開始された。空ばかりでなく、水上部隊もまた、空中掩護なしのほとんど特攻にひとしい出撃で、巨大戦艦「武蔵」をはじめ多数の艦艇を失ったが、大小あわせて数千隻にもおよぶ敵の大艦隊の前には、あまりにも無力であった。

このような状況下にあっては、フィリピンに進出した三四一空の紫電隊も、本来の制空の任務よりも重武装をかわれて、もっぱら敵上陸地点や出没する敵魚雷艇の攻撃などに使われた。

三四一空に合流したマルコット基地の戦闘七〇一飛行隊も同様で、連日の出撃に犠牲はふえて可動機数は減るいっぽうだったが、飛行隊長白根斐夫少佐は、いつも部隊の先頭に立って攻撃に向かった。そして十月末のある日、上陸拠点付近の敵魚雷艇群を銃撃中に対空砲火を浴び、還らぬ人となった。

フィリピン、台湾の戦訓調査から帰ってからも、病状思わしくないため、横須賀の海軍病院に入院療養中だった岩下は、白根少佐戦死の悲報を病床で聞かされた。

「おれが、白根さんを殺した」

自分の急病のため、後任となって七〇一飛行隊を率いて激戦地に向かった白根少佐は、岩下にしてみればおのれの身代わりとなって死んだ、としか考えられなかった。

こうなっては、もはや療養などしていられない。一刻もはやく戦地に出て、白根さんの後を引きつごうと岩下は決心した。

軍医の許可はえられなかったが、海軍省に行って人事局にじかに談判した。大尉クラス、とくに岩下と同期の兵学校六十九期は戦死者が多く、隊長クラスの人材不足のおりから、岩下の希望はただちにいれられ、病軀をおしてマルコット基地に着任したのは、レイテをめぐる攻防が一段と苛烈になった十一月はじめのことであった。

三号爆弾の戦果

岩下が着任したマルコット基地にはかつての部下たちが大勢いて、隊長の着任をよろこんでくれた。幾多の激しい戦闘を生きぬいてきた彼らは、すでに戦地でも古顔になっており、わずか四ヵ月の間の見ちがえるような成長に岩下はおどろかされた。

部下との再会をなつかしむいとまもなく、すぐ船団護衛に、クラーク基地上空の防衛に、と岩下は飛び立たねばならなかった。

圧倒的な物量を誇るアメリカ軍ではあったが、補給線が長くなり、そのうえ激しい日本軍の攻撃にさらされ、彼らにとっても、レイテは決して楽な戦場ではなかった。

日本軍もまた、増援部隊をのせた輸送船団をぞくぞくレイテに送り、これを阻止しようとするアメリカ軍と、アメリカ軍の輸送船団を攻撃する日本軍との、猛烈なつば競り合いが連日つづけられた。

それは一面において補給の戦いであり、その勝利のきめ手となるのは、戦闘機による制空権である。紫電隊は同じ「誉」エンジンをつんだ陸軍の四式戦闘機「疾風《はやて》」とともに、この方面における日本軍制空戦闘機隊の双璧であった。

だが、パイロットたちは疲れすぎていた。目ばかりぎらぎら光っているものの、交代がいないため、下痢に苦しんで便をたれ流しながらでも出動しなければならないほど、人員が足りなかった。

酷使がたたって飛行機は傷み、整備員の質も落ちて、動けない飛行機がふえていった。それに毎日のように出てゆく特攻隊を見送り、いつかは自分たちも、と思うと、なんともやりきれない気分に襲われ、ともすれば士気はおとろえがちだったが、ときには鬱憤《うっぷん》を晴らすような出来事もあった。

あるとき、ほとんど日課のようにやってくるB24の編隊に、三号爆弾をかかえた八機の「紫電」が邀撃《ようげき》にあがった。

三号爆弾というのは、戦闘機の機銃弾ではなかなか墜としにくい大型機を墜とす目的でつくられた爆弾で、内部には弾子とよばれる黄燐をふくんだ鋼製の散弾が、百数十個もつめこまれている三十キロ爆弾のことである。これを戦闘機から敵編隊の上に投下すると、約三秒くらいで時限信管によって炸裂し、内部の散弾が直径五十から百メートルぐらいの広さに飛散し、一発で敵の何機にも損害をあたえるというものだった。

太平洋戦争の初期に試作されて、ラバウルあたりで使ったが、なにぶんにも目測でやるだけに爆弾を落とす高度、相対位置、それにタイミングなどがそろって、ちょうどうまい位置で破裂しなければ効果のないことは、地上から射ち上げる高射砲弾と同じで、これまでにもまれにしか戦果はあげられなかった。

急速上昇した紫電隊は、敵編隊にたいし型どおり千五百メートルぐらい優位の高度をとって反航し、つぎつぎに三号爆弾を投下した。大空にいくつもの黄燐の花が咲いたが、そのうちの一つがＢ24の先頭編隊をみごとにとらえた。

爆発した黄燐弾が、あたかも蛸《たこ》の足のように八方にひろがったと見る間に、三機のＢ24が、ぐらりと傾いた。

「やった！」

空中分解をしていくつにも分裂、青い空にオレンジ色の火炎をひきながらゆっくり落下しはじめたＢ24に、地上の隊員たちは久しぶりに快哉《かいさい》を叫んだ。

また、ミンドロ島に敵機動部隊が来襲した十二月中旬、昼間強襲をかけるべく「彗星」艦爆隊を掩護して可動全機（といってもわずか十二機だったが）をもって出動した。この攻撃は、紫電隊の指揮官岩下大尉の指揮よろしきをえて、昼間の攻撃にしてはおどろくほどの成功をおさめた。しかも、こちらの損害はわずかであった。

紫電偵察隊の活躍

作戦のキーポイントともいうべき索敵は、日本軍の弱点の一つだった。レーダーを装備した高速高々度偵察機をもたなかったので、高速の陸上爆撃機「銀河」や艦爆の「彗星」、あるいは零戦を写真偵察機に応急改造したものなどが使われた。しかし、機動部隊上空を直衛する優勢な敵戦闘機群につかまって食われることが多く、ほとんどが索敵中に、あるいは帰投中に撃墜されるなどして未帰還となった。

十二月はじめ、最新鋭の艦上偵察機「彩雲」五機をもった偵察第四飛行隊（のちに三四三空の偵察隊となる）が、フィリピンに進出してきた。

しかし、はじめて戦場に姿を現わしたこの年の春ころには、「われに追いつくグラマンなし」と打電したと伝えられたほどの快速「彩雲」偵察機といえども、圧倒的な敵の制空権下では犠牲を強いられることが多かった。

そこで窮余の一策として、戦闘機の「紫電」が使われることになり、偵察専門の紫電隊が編成された。紫電偵察隊で目ざましい働きを示したのは光本《みつもと》卓雄

飛行中の「紫電」。高速力を誇る本機は、敵制空権下での偵察任務にも就き、フィリピンの戦場を飛んだが、日本機ばなれした姿は、しばしばグラマンと誤認された。写真は一一型。

見した。

大尉（広島県大和町）だった。彼はレーダーも何もない単座戦闘機で、よく敵機動部隊を発見した。

早暁、基地を離陸、高度を一万メートルにとって予想海域に入ると、下を見まわしながら索敵開始。いくら大艦隊とはいっても、高空からでは芥子粒《けしつぶ》ほどにも見えない。しかも後方見張り専門の偵察員がいるわけではないから、敵戦闘機にも気をつけなければいけない。

それらしいものを発見すると一気に中高度まで降下し、目ざす機動部隊かどうかを確認してから「敵発見」を打電する。

といっても、単座戦闘機だからむずかしいことはやれない。「ホ、ホ、ホ、ホ……」が敵空母発見の合図だ。そして敵戦闘機につかまらないうちに、全速で退避するのだ。こんなとき、零戦とちがって二千馬力エンジンをつんだ「紫電」の高性能がありがたかった。

余談になるが「紫電」は飛んでいるとグラマンとよくまちがえられ、爆音も似ていたところから、しばしば友軍に攻撃された。

七〇一飛行隊の一機が攻撃を終わって基地に帰ってきたとき、グラマンと誤認した陸軍部隊の地上砲火を浴び、脚、フラップを下ろした着陸姿勢のまま、岩下隊長らが見ている前で、あえなく墜落したことがある。

「なんたることだ。味方にやられるとは！」

墜とされた部下の無念を思って、岩下はやりきれない思いだったが、日本軍をおおう敗戦の兆候が重くのしかかるような出来事だった。

「紫電」を誤認したのは味方ばかりでなく、ときには敵側でもまちがえたらしい。これを逆用してバンクをふって敵を安心させておいて近寄り、まんまと撃墜したこともあったという。「紫電」偵察機の成功は、あるいはそんなところに一因があったのかもしれない。

特攻出撃した紫電隊

昭和二十年一月七日、米軍がいよいよクラーク基地の北北西、リンガエンの海岸に上陸を開始すると、それまで特攻隊出撃のたびに、もっぱら直掩の側にまわされていた紫電隊にも、ついに特攻の命令が出た。

特攻出撃の指名は、先任飛行隊長がやる。つまり、部下に「お前は明日、死にに行け」と命ずるわけだが、これまで生死をともにしてきた部下を、死地に追いやるに忍びない先任隊長の藤田怡与蔵少佐は、「可愛い部下を特攻には出せない」と強硬に突っぱねた。しかし、速力、搭載量ともにすぐれた「紫電」は、特攻に最適であったところから、ついに「紫電」だけの特攻が実施されることになった。

特攻機も「紫電」なら、直掩機も「紫電」、同じ隊員が生死を異にする二つの使命に分けられた。

特攻編成が決まってから、岩下のところに若い搭乗員が思いつめた様子でやってきた。

「隊長、特攻に指名されました。明日参ります。しかし、海軍に入って戦闘機搭乗員になったのですから一度でいい、グラマンと空戦をやって死にたいのです……」

切々と岩下に訴えたが、もとより決定はくつがえすべくもなく、この隊員は心残りのままに出撃して死んだ。

すでに飛べる「紫電」の数が少なく、若い搭乗員には邀撃に上げてもらえるチャンスがなかったのだ。まだ童顔の残る十八歳の少年だったたという。

　こうして可動機を特攻に出してしまった結果、しまいには飛べる「紫電」がなくなってしまい、翼を失った航空隊は急速なアメリカ軍の侵攻にそなえて、陸戦に切りかえることになった。

　パイロットも整備員も、慣れないゲートルを巻き、飛行場からの移動にそなえた。クラーク基地西方の山岳地帯にこもり、最後の抗戦をしようというのだ。

　ふたたび帰ってくることはないであろう基地の士官宿舎で、放心した身体を横たえた岩下は、夜半、突然たたき起こされた。

　司令部からの電報で、「全力で故障機を整備し、戦闘機隊の古参搭乗員は中部ルソンのツゲガラオ基地に転進し、八木中佐の指揮を受けてリンガエン泊地にたいする攻撃を続行せよ」という命令だった。

　さっそく整備員が召集され、暗闇のなかであっちの機体からフラップ、こっちの機体から脚といった具合に部品をよせあつめ、徹夜で整備して、なんとか飛べる飛行機を四機仕上げた。岩下大尉以下四名がえらばれ、まだ明けやらぬ暁闇をついてマルコット基地を飛び立った。

　その後、のこされた搭乗員たちも別命により、徒歩でツゲガラオに転進し、迎えにきた九六陸攻で台湾に帰ったが、藤田少佐やのちに「紫電改」の三四三空飛行隊長となった光本大尉らも、この中にいた。

しかし、ルソン山中に入った舟木司令、園田飛行長らの三四一空隊員は全員戦死し、ツゲガラオで岩下大尉が強行偵察や攻撃隊の誘導に活躍した最後の「紫電」一機も、敵の銃撃により地上で炎上、ここにフィリピン方面の紫電隊は潰滅した。

未完成のままいきなり激戦の渦中に投ぜられ、本来の局地戦闘機としての活躍の場面にほとんどめぐまれることなく、偵察や特攻に使われて全滅した「紫電」戦闘機の歩みは、三四一空のたどった運命そのものであった。

第五章　終焉のとき

艦上戦闘機型「紫電改」

次期艦戦としての期待

志賀少佐によって、急降下における最大の終速度を記録した「紫電改」は、その後も古賀一中尉や増山兵曹らの手によって、地味なテストがつづけられたが、志賀には、もうひとつの別な任務があたえられた。

名機零戦の後継機として、海軍が絶大の期待をかけた三菱の十七試艦上戦闘機「烈風」の試作一号機が完成し、その担当を命じられたのである。

試乗は、五月末から六月はじめにかけて三回行なわれたが、どちらかといえば重い手ごたえの「紫電改」から、零戦に似てなめらかな操縦感覚の「烈風」に乗った志賀は、忘れていたなつかしい記憶を呼び覚まされたような気がした。

だが、このころから志賀は、ときどき全身を襲うふるえに身体の異常を感じはじめた。不安に思って軍医学校で診てもらったところ、肺浸潤との宣告だった。心臓の結滞がはじまっていたのだ。当然、入院加療が必要だが、〈戦争のなりゆきが思わしくない現状で、身体の手入れをしてどうなる。身体が参るのが先か、戦死するのが先か。どうせえらぶなら後者だ〉と心を決めた志賀は入院をことわった。しかし、志賀の身を案じた上司によってすぐに後任が決められ、久里浜にちかい野比の海軍病院に入院させられてしまった。

志賀の後任となった山本重久大尉（のち少佐、戦後、航空自衛隊に入り一佐で退官）は、海軍兵学校六十六期で昭和十三年九月の卒業、まだ比較的余裕のあった時代だったので、九六式艦上戦闘機による中国大陸の戦闘で充分な実戦の経験を積んでから、太平洋戦争に突入した母艦パイロットの一人だった。

緒戦のハワイ空襲には、二十歳そこそこで空母「赤城」の戦闘機分隊士として参加。このときは、母艦の上空直衛隊として攻撃には加わらなかったが、その後、カビエン攻撃、セイロン島のコロンボ、ツリンコマリー攻撃などに参加、さらに「翔鶴」に移ってすぐ珊瑚海海戦と矢つぎばやに激戦を体験した。

「翔鶴」では、のちに「紫電」「雷電」のテストパイロットとなった帆足工《たくみ》大尉が先任分隊長だったし、いっしょに行動した姉妹艦「瑞鶴」には、横須賀航空隊戦闘機隊長として「紫電改」の育成に功績のあった、同期の塚本祐造大尉らがいた。

この海戦では、母艦「翔鶴」がやられたので「瑞鶴」に着艦、内地に帰ってしばらく部隊の錬成を手がけてから激戦場のラバウルに進出、第三次ソロモン海戦のころにガダルカナル攻撃で不時着、眼をやられたので治療のためふたたび内地に帰還した。

内地では、眼の治療がてら豊橋航空隊や大分航空隊で教官をやり、大分では兵学校七十期、七十一期、予備学生十三期生などを教えたが、兵学校七十一期生の中には、「紫電改」の三四三空七〇一飛行隊先任分隊長となった山田良市中尉や、「紫電」の七〇一飛行隊当時の先任分隊長となった米村泰典中尉らがいた。

また、分隊士には「紫電」の七〇一飛行隊長となった岩下邦雄大尉がいて、「紫電改」の三四三空三〇一飛行隊長としてのちに勇名をはせた、元気のいい菅野直中尉らの教官をやっていた。

山本が豊富な実戦の体験をもとに後輩の錬成に力を入れていたころ、「紫電改」の設計が急ピッチで進められていた。

昭和十九年になって「紫電改」試作機が飛びはじめ、これらの飛行学生たちもつぎつぎに巣立っていったころ、病気療養の志賀に代わって空技廠飛行実験部で「紫電改」のテストをやることになった。

空技廠に移ってからの山本は、一段と多忙をきわめた。試作機の「紫電改」ばかりでなく、「紫電」「雷電」や零戦改造機などのテストもやらなければならなかったからだが、ここには山本よりずっと経験ゆたかな古賀一中尉や増山兵曹らがいて助けてくれた。

このころ、先任部員の小福田租《みつぐ》少佐は全般を見ると同時に、みずからも中島の双発局地戦闘機「天雷」（Ｊ５Ｎ１）および三菱の艦上戦闘機「烈風」（Ａ７Ｍ１）のテストを担当していたが、期待した「烈風」の性能がかんばしくないので、零戦の後継機となるべき次期艦戦をどうするかで悩んでいた。

あるとき、ふと山本がやっている「紫電改」に考えおよんだ。

「山本大尉、『紫電改』を艦戦にしたらと思うが、どうだ？」

十七試艦上戦闘機「烈風」。零戦の後継艦戦として期待を集めたが、搭載予定の「誉」エンジンの不調などから開発は進まなかった。これにより「紫電改」の艦上機化案が浮上した。

「そりゃいい考えです。『紫電改』ならまちがいありませんよ」

すぐ相談がまとまり、急いで一機改造することになった。川西では宇野唯男、大沼康二両技師らが主になって着艦フック取り付けのための尾部胴体の補強、操縦席内部の着艦フック巻き上げレバーの取り付けなどの改造設計をやった。空気力学的には、着艦の最後の引き起こしでバルーニング（ふわふわして、なかなか接地しないこと）を起こさないよう、フラップ角度をいくぶん増した。

これがN1K3-A（Aは艦戦であることを示す）で、山本大尉が操縦して鳴尾から横須賀に空輸した。

なお、「紫電改」には、このほかにも機首に十三ミリ機銃一梃を増設したN1K3-J「紫電改一」や、エンジンを低圧燃料噴射式の「誉」二三型に換装したN1K4-A「紫電改四」など各種の改造型があったが、いずれもN1K3-Aと同様、一ないし二機の試作にとどまり、量産はされなかった。

昭和十九年も末ごろになると、日本はいよいよ資材不足に悩みはじめ、ジュラルミンのかわりに薄鋼鈑を使って飛行機をつくることが真剣に検討された。「紫電改」も同様だったが、なにしろ鋼《はがね》はジュラルミンにくらべて比重が三倍くらい大きいので、同じ板厚のものを使ったら、とても重くて飛べたものではない。

そこで板を極力薄く、ジュラルミンなら〇・五ミリから一・二ミリぐらいある外板も、鋼鈑となると〇・三ミリぐらいにしなければならない。すると、いわゆる剛性不足という問題が起こるので、いままでと同じ構造ではすまされない。外観は同じでも、内部構造は大幅な設計変更をしなければならなかった。また、どうしても重量増加は避けられないところから、翼面積をふやすため翼端を延長した。

こうした例はイギリスの「スピットファイア」などにも見られたが、こちらは材料不足などでなく高空性能の向上が狙いだったようだ。

当時、川西の第一設計課応力係にいた飯島登司《たかし》(福島県いわき市)は、昭和二十年三月、応召して入隊するまでこの鋼鈑製「紫電改」の設計にたずさわっていたが、たまたま同盟国であるドイツから潜水艦でやってきたポール技師に、ブリキ、鋼鈑を使った機体構造についてことあるごとに相談しては解決してもらったという。

ポール技師は二十年二月、ふたたびドイツ潜水艦で帰国の途についたが、その後の消息は不明で、鋼鈑製「紫電改」の方も、結局は沙汰やみになってしまった。

「鋼鈑化『紫電改』をめざして設計をすすめる一方、リベット接合部の面圧強度をチェックして鋼鈑構造の設計基準をつくるため、連日連夜、強度試験機と取り組み、破断したテストピースは数千個にたっした。青春のすべてを『紫電改』にぶつけて悔いなかった日々のことを思い起こすと、いつか目頭があつくなる……」

と、飯島は語っている。

新鋭空母「信濃」でのテスト

「紫電改」は、艦上偵察機「彩雲」、艦上攻撃機「流星」とともに当時、竣工したばかりの新鋭空母「信濃」を使って着艦テストをやることになった。

もともと「信濃」は、世界最大の戦艦であった「大和」「武蔵」につぐ三番艦として計画されたもので、昭和十五年四月七日に横須賀海軍工廠で起工されたが、太平洋戦争がはじまってみると、海戦の主役はすでに航空母艦にうつっていた。

そこで、工事中止の声さえ起こったが、艦体の骨組み工事がかなり進んでいたところから、空母に模様がえすることで、かろうじて工事継続となった。

なお、「信濃」より約半年おくれて呉で起工された「大和」型四番艦は、解体されてしまった。

戦争が進むにつれ、ミッドウェー海戦で「赤城」「加賀」「蒼龍」「飛龍」、南太平洋海戦で「龍驤」、マリアナ沖海戦で「翔鶴」「大鳳」と、あいついで正規空母を失った日本海軍は、商船や水上機母艦を改造した空母で急場をしのごうとしたが、これもつぎつぎに撃沈されて焼け石に水であった。

したがって、正規空母としての「信濃」の完成は、歓迎されるべきものだったが、昭和十九年後半になると敵機動部隊や潜水艦が日本近海にわがもの顔に出没するようになり、空母の出番もなくなってしまった。

「信濃」は元来が戦艦として建造されたものだけに装甲が厚く、排水量は六万八千トンもあった。艦の全長も二百五十六メートルで「翔鶴」や「瑞鶴」とほぼ同じだからまあまあだったが、排水量二万九千八百トンの「翔鶴」クラスが七十五機も積めたのにたいし、五十機そこそこと、きわめて効率のわるい母艦だった。

さて、「信濃」は昭和十九年十月二十五日にいちおう完成した。いちおうというのは、艦体はできあがったが艦内のこまかい艤装や兵装工事などはまだやっておらず、呉に回航して行なわれることになっていたからである。皮肉なことに、この前日、「大和」型二番艦だった戦艦「武蔵」が、シブヤン海でアメリカ艦上機の攻撃によって撃沈された。

外洋は敵潜水艦にやられるおそれがあるので「信濃」の公試運転は東京湾で行なわれることになった。

飛行機の着艦テストも同時に行なわれるので、空技廠からも関係者が乗り込み、川西からは設計部長の菊原がやってきた。艦戦型「紫電改」のテスト立ち会いのためだ。

公試運転は十一月中旬、二日にわたってつづけられたが、一日目は零戦や「天山」など在来機のテスト、二日目にいよいよ「紫電改」をはじめとする新型機の番になった。

天候は快晴、雲量ゼロの小春日和。山本大尉の操縦する「紫電改」試作艦上戦闘機は、追浜飛行場を飛びたって間もなく、海上を南下する「信濃」を発見した。

「大きいなあ」と、嘆声が出る。

「赤城」「翔鶴」など、山本がこれまでに乗ったどの空母よりも巨大に見えた。

まずはじめは接艦だけで、アプローチのテスト。降りてきて飛行甲板に車輪をつけただけですぐ上がる、いわゆるタッチ・アンド・ゴーだ。

山本は「翔鶴」を降りていらい、しばらく着艦はやっていなかったが、一、二回の接艦ですぐ感覚がよみがえった。

三回目、こんどはいよいよ本番だ。

低高度でぐるりとまわり、着艦フックを下ろして後続の駆逐艦（ヘリコプターなどのなかった当時、着艦に失敗して海に落ちたパイロットをひろいあげる役目で〝とんぼ釣り〟などと呼ばれていた）のあたりで第四旋回、着艦のパスに入る。

母艦の甲板上の赤と青のランプが一直線に見えるように左右、高低の修正をやる。操縦が素直で視界も良く、修正はきわめてらくだ。

甲板上には、すでに着艦フックを引っかける索が横に張られているが、目標は手前から三番目の索で、ここに引っかけるのがもっともよろしい。

高度が下がって甲板がぐっと近くなり、艦尾をかわった（飛行機が飛行甲板の端を通過すること）ところでスロットルをいっぱいにしぼり、操縦桿を引く。

すーっと尾部が落ちて三点姿勢なり、強いショックとともに引きもどされるような感じで飛行機が停止した。

狙ったとおり三番索に引っかかり、理想的な着艦だった。

作業員が十数人、ばらばらとかけよってきて機体を少し押しもどし、索をはずすとすぐ着艦フックを巻き上げ、エンジンを吹かして発艦。

二回目も成功、もうこれなら大丈夫だ、経験の浅い若い搭乗員でもやれるだろう、と思った山本は三回目にエンジンをとめて飛行機から降りた。

艦橋に行き報告をすませてもどってくると、菊原がやってきてしっかりと山本の手をにぎった。

ベテランの山本は、すでに上空で甲板のわきの待避所にいる菊原に気づいていたという。

このあと、作業員が押していってリフトにのせ、昇降から格納までのテストをいちおうすませてから、ふたたび発艦位置にもどされた。

「紫電改」といっしょにテストを行なった「彩雲」や「流星」も結果は上々で、「信濃」艦上は明るいムードにつつまれていた。

だが、好成績を土産《みやげ》につぎつぎに発艦する「彩雲」「流星」「紫電改」を頼もし気に見送る関係者たちは、十日後にこの巨艦を襲った悲劇的な運命を知るよしもなかった。

一方、前任者の志賀は、気胸《ききょう》をやりながらの病院生活を送っていたが、活発な気性の志賀には耐えられない退屈な日々だった。

後任の山本大尉が事務引きつぎがてら見舞いにきたが、あとはすべて古賀中尉に一任してあったので、とくにいうべきこともなかった。

航空参謀や、いろいろな人が見舞いにくるが、旗色のわるい話ばかりで、じっとしていられぬ思いはつのるばかりだった。それでも、三ヵ月ほどはなんとか我慢していたが、ある日、院長に「もう、なおったからいいでしょう。私は出ますよ」といって、自分からさっさと退院してしまった。

しかし、すでに空技廠には志賀の席はなく、十月二十五日に完成したばかりの空母「信濃」の飛行長になっていることを知らされた。

軍港に行ってみると、「大和」型戦艦の改造だけに、なるほど大きい。しかし、塗料も満足に塗ってないし、乗ってみると機銃や高角砲も少ししかついていない。内部に入ってもがらんとしており、工廠の工員がまだあちこちで働いているのが、妙にわびしく思われた。

「信濃」は公試運転を終えた後、十一月十九日に艤装未完成のまま連合艦隊に編入された。もちろん山本大尉らによる「紫電改」その他の着艦テストも終わった後である。

そのうち、艤装のため呉に回航されることになったので、志賀は乗って行くつもりでいたが、乗らないでよろしいといわれ、陸《おか》に残って出港を見送った。

兵員のほか工廠の作業員も乗せたまま横須賀を出港した「信濃」は、紀伊半島潮ノ岬沖で敵潜水艦の雷撃を受け、あっけなく沈んでしまった。

戦艦「武蔵」の沈没におくれることわずか一ヵ月あまり、あえない巨艦の最期だったが、おかげで志賀は死なずにすみ、このあと紫電改部隊の三四三空飛行長が発令された。

志賀は以前、ミッドウェー海戦の前にも母艦「加賀」を降りて命が助かったことがあり、艦《ふね》も人間も、運命とはわからないものだ。

空中分解

精鋭三四三空の編成

第三四三航空隊飛行長志賀淑雄少佐が着任したのは、昭和二十年一月八日で、戦闘三〇一飛行隊長菅野大尉と、この日の午前着任したばかりの戦闘七〇一飛行隊長鴛淵孝大尉が出迎えた。

志賀は前年の一月いらい、海軍側主席テストパイロットとして「紫電改」育成を手がけた実績をかわれたものだが、「信濃」に乗らなかったばかりに命びろいした志賀に、三四三空飛行長の命令がでたのは、昭和二十年の正月そうそうだった。

思えば試作三号機で領収後の初飛行をしていらい、ずっと精魂を打ち込んで育てた「紫電改」であり、その紫電改部隊の飛行長とあれば、もとより異存のあろうはずはない。こんどこそ最後の御奉公、と心に決め、鎌倉の家を引きはらって妻を郷里に帰し、単身ダグラス輸送機便で松山基地に赴任した。

この日の午前、九州大分基地で訓練をしていた鴛淵大尉の戦闘七〇一飛行隊が移動してきたので、飛行場はにわかに賑やかになった。

一月十九日、三四三空司令源田実大佐が軍令部から着任、それより少し前に鹿児島県出水基地から林喜重大尉の戦闘四〇七飛行隊が移ってきた。二月になるとフィリピンから、副長として中島正中佐（のち相生高秀中佐と交代）が着任、さらに偵察第四飛行隊もやってきたので、ここに三四三空の全編成が完了した。

この部隊にやってきたメンバーには、磯崎千利、松場秋夫、坂井三郎、指宿正信、宮崎勇、杉田庄一といった、そうそうたるエースたちが名をつらね、これでは前線が手薄で、がたがたになってしまうのではないか、と思われるほどの豪華メンバーであった。

源田は戦闘機隊に精鋭パイロットを集めただけでなく、三四三空の戦力を最大限に発揮するためのシステムづくりに意を注いだ。

その手はじめに、源田はフィリピンで活躍した偵察第四飛行隊（偵四）を呼びもどして三四三空に編入した。

戦闘機のみの航空隊に偵察機隊があるのは、いささか奇異にも思えるが、源田は、こう考えていた。

「このころのアメリカ軍戦闘機の主力は、機動部隊の艦載戦闘機であって、三十数機の編隊が幾梯団にも分かれて、波状攻撃を行なうのを常としていた。こんな大編隊にたいしては、わが方も三十機程度の編隊を一個ないし二個はさしむけなければならない。

大編隊対大編隊の戦闘においては、敵を肉眼で発見してから有利な態勢を占めようとしても、運動が小編隊のように軽快にはいかないし、また先頭機はエンジンを相当しぼって飛ばなければ、多数の後続機はついて行けないから、全体としては飛行機の最高性能を存分に発揮することはできない。空中戦闘の初動において優位を占めることは、戦闘を有利に展開するために必須の条件でもある。

このためには、会敵する前に相当の余裕をもって、敵の兵力、位置、針路、高度、隊形、および雲や視界などを指揮官が知り、それによって攻撃計画の胸づもりをたてて準備行動に移らなければならない。この敵情や天象を偵知して戦闘機隊指揮官に報告するのが、偵察第四飛行隊の任務である」（源田実『海軍航空隊始末記・戦闘編』文藝春秋）

要するに航空隊の〝眼〟として偵察機隊をおいたわけだが、これと一体不可分の耳ともいうべき通信についても、源田は周到な用意を怠らなかった。

昭和十五年ころ、在英日本大使館付武官補佐官としてロンドンにいたことのある源田は、ドイツ空襲部隊と戦ったイギリスの本土防空作戦、いわゆる〝バトル・オブ・ブリテン〟をつぶさに見た体験から、通信と情報網の必要性を痛感していたので、三四三空編成に際してはとくにこの面にも力を入れ、第五航空艦隊司令部に行って必要な通信器材を確保すると同時に、各地のレーダーや見張所、上級司令部などとも密接な連絡がとれるようにして、ひとつの大きな情報ネットワークをつくりあげた。

また、地上の通信設備だけでなく、とかく評判のわるかった機上無線電話機も、横須賀航空隊の技術指導をすなおにとり入れて改良した結果、それまでせいぜい五十キロ程度しか聞こえなかったものが、約十倍の遠距離まで使えるようになった。

すでに四機、四機を単位とする編隊空戦が常識となり、アメリカ側は機上電話機の性能がいいのでチームワークがじつによかったが、日本のはエンジンの雑音《ノイズ》による影響がひどくてよく聞こえない、というのが常識だった。聞こえないばかりか神経にさわるので、そんな役に立たない物はおろしてしまえばそれだけ性能がよくなる、といった考え方だったから、いっこうに改善されなかった。

はじめのころは、手まねや隊長機のそぶりなどでも充分に意志は通じたが、パイロットの消耗がはげしく、組み合わせがつねにかわるようになると、これではどうにもならない。しかも合図だけでは、用語、表現が限られてしまって乱戦になったら役にたたないし、はなれた場所にいる編隊との協同作戦、それに地上からの指揮誘導なども不可能だった。

空中電話を改良することは、源田の作戦構想にとって、パイロットの操縦技量と同じか、もしくはそれ以上に重要なことだったのである。

これを根気よく研究したのが、横須賀航空隊の塚本祐造大尉で、塚本大尉は「紫電改」に乗ってはシールドを工夫し、雑音をへらすことに成功すると部隊に講習してまわった。

陸軍の「隼」戦隊長だった加藤建夫中佐がやはり研究熱心で、聞こえない空中電話機を決してはなさなかった、といわれるが、射撃とか空戦技術以外のこうした地味な努力がもたらした功績も、見のがしてはならないだろう。

「紫電改」戦闘機隊・三四三空剣部隊を指揮した源田実大佐。

こうして三四三空の編成は着々と進んだが、搭乗員だけでも百二十名、それに整備員その他の地上員までふくめると、優に三千名をこえる大部隊となり、しかも機材は最高のもの、パイロットも全航空部隊の中から目ぼしいのを引き抜いて、三四三空だけでいいものを独り占めした感があったから、当然、ほかからの強い非難もあったようだ。

だが、あの戦争末期の困難な時代にこれだけの精鋭部隊を、しかもごく短期間につくりあげた源田の情熱と実行力には、やはり敬服せざるをえない。

大編隊による空戦訓練

全飛行隊がそろった松山基地では、各隊ごとに猛烈な訓練がつづけられ、基地上空は終日、「紫電」や「紫電改」の発する数万馬力の轟音におおわれていたが、なんといっても一番はやくからいた三〇一飛行隊の訓練がもっとも進んでおり、一月三日の延べ二十八機を皮切りに、四日延べ六十九機、五日延べ四十一機と、はやくも編隊空戦訓練に入っていた。

あいかわらず「紫電」の着陸時の事故が多く殉職者も出たが、訓練は休みなくつづけられた。「紫電改」は二機、三機と領収されてくるが、こわしてはもったいないというので、もっとも練度のあがっている三〇一飛行隊に優先してまわされた。その三〇一飛行隊でも、訓練はもっぱら「紫電」を使って、貴重な「紫電改」を温存するようにしていた。

もっともおくれていた戦闘四〇七飛行隊もやってきて、戦闘機の全飛行隊がそろった一月三十一日、搭乗員と整備員に総員集合がかかり、源田司令の訓話があった。

「いま、戦争に負けているのは、制空権を敵の手に奪われているからだ。制空権の主役は戦闘機であり、わが三四三空の任務は、この制空権の奪回にあるのだ。

たとえ局地的といえども制空権を拡大し、これを突破口として敵の進撃を食い止めるだけでなく、逆にサイパンを奪い返すのだ。その成否は、ひとえに諸子の双肩にかかっている」

おそらく壇上の源田の胸中をよぎるものは、駐英時代に見たイギリス防空戦闘機隊の不屈の活躍ではなかったろうか。

二月に入ると各戦闘機隊とも一段と訓練が進み、編隊空戦も三十二機対十六機による同位戦、高度差をつけての優位戦（相手側から見れば劣位戦）といった高度のものとなり、広い飛行場をいっぱいに使っての二十四機のいっせい離陸ができるまでに練度が上がった。

なにしろ隊長は鴛淵、林、菅野ら一流中の一流だったし、実際に飛行隊をとりしきる古参搭乗員がまた撃墜百二十機以上の杉田庄一上飛曹、おなじく六十四機の坂井三郎少尉をはじめとするエースクラスがぞろっといたから、ついていけない若いパイロットたちはたいへんだった。へまをやって降りてくると、先輩パイロットたちによる猛烈なバッターのしごきが待っていたからだ。

バッターというのは、俗に海軍精神注入棒などとよばれた、野球のバットより一回りも太い樫の棒で尻を力いっぱいぶんなぐる海軍独特の罰直で、これをやられると焼けつくような痛さが全身を貫き、二十回、三十回とつづけてやられると失神して倒れてしまうほどすさまじいものだった。

バッターについては〝愛のムチ〟〝憎しみのしごき〟と、人により評価はさまざまだが、彼らはこの苦しみに耐え、青春のエネルギーのありったけを、空で敵に勝つことだけにぶつけた。

「充分に鍛え抜かれた毎日のこと、いまだに夢に見ることがあります。九七艦攻から零戦、そして『紫電改』と移っていったあのころの充実した訓練、歴戦の勇士にバッターを食わせてもらいながら必死で習った後、一服しながらそれぞれ個人のとっておきの技術を教えてもらった毎日。本当にあのころは、ただ勝つこと、それしかありませんでした」

三四三空の隊員ですでに故人となった松尾雅夫はそう語っていた。

当時の訓練状況をしのぶため、昭和二十年二月二十一日の三四三空戦時日誌をのぞいてみよう。

この日、快晴。北東から北西に五メートル前後の風が吹き、視界良好。早朝の気温は零度を切っていたが、絶好の飛行日和だった。

一、S三〇一（戦闘三〇一飛行隊のこと）
　優劣位戦　紫電　延べ六十六機
　高高度編隊　紫電　延べ　四機
二、S四〇七
　上空哨戒　紫電一一型　七機
　訓　練　紫電二一型　八機
　離着陸　紫電二一型　三機
三、S七〇一
　反　攻　紫電　三機
　反　攻　紫電改　八機
　航法訓練　紫電　八機

と記録されている。

ここで「紫電」二一型とあるのは「紫電改」のことで、おくれていた四〇七飛行隊が「紫電改」の慣熟飛行をはじめたことを示している。

これより少し前の二月十七日、冒頭のように横須賀航空隊の「紫電改」試作機が敵艦載機の迎撃でその威力の片りんを示したことも好刺激となり、三四三空隊員たちの訓練に一段とはずみがついた。

昭和20年4月10日、松山基地を出撃する三四三空戦闘三〇一飛行隊の「紫電改」。手前の15号機は飛行隊長菅野直大尉の乗機で、胴体に隊長機を示す2本の黄色の帯がまかれている。

思いがけない事故

三月に入ると「紫電改」の数も急速にふえ、三〇一飛行隊が全機「紫電改」にかわったある日、先任搭乗員だった堀光雄上飛曹（戦後、全日空機長）は、いつものように列機をひきいて訓練飛行に飛び立った。

この日の訓練は三〇一飛行隊全機による編隊同士の優劣位戦であった。

四機編隊を一単位として区隊とよび、第一、第二区隊八機で第一小隊を編成し、二個小隊十六機が一飛行隊として行動する新しい戦法だった。

この日の搭乗割で第二小隊長は宮崎勇飛曹長、堀上飛曹は第二小隊第二区隊長だった。

一小隊ごとに離陸して、二つの小隊がたがいに視界外にさり、高度をとってから飛行場上空に引きかえし、実戦を想定した優位劣位の態勢で空戦に入り、あくまでも四機単位の編隊を崩さずに戦闘を行なう、というものだ。

この場合、列機は区隊長が突っこめばいっしょに突っこみ、発射したら自分も発射するというふうに、区隊長のやるとおり行動し、単機行動はいましめられていた。

堀たちの第二小隊八機は、高度三千メートルで基地上空に引きかえした。

相手の第一小隊を先に発見して高度をとり、後上方の優位から襲いかかった。

第一撃は完全に成功。機首を起こして再び高度をとり、すぐ二撃目に入った。編隊は少しも乱れず、列機もぴたりとついてくる。

この直後、思いもかけない事故が起こった。

以下は堀の記述である。

模擬射撃を終えて私が上昇姿勢に移るべく操縦桿を引いた瞬間、エンジンの轟音に混ざって、キューンというカン高い異音が聞こえた。

「左だ！」

反射的にふり向いた私は、そこに恐るべき光景を見た。二番機の尾翼、方向舵がバラバラに吹っとび、機首を下にして錐揉《きりも》みに入ろうとしているではないか。

「空中分解だ！」

こういう事故では、ほとんど助かったためしはない。尾翼を失った「紫電改」が、右まわりにゆっくり旋転をはじめた。

第16図　4機を最小単位とする編隊戦法

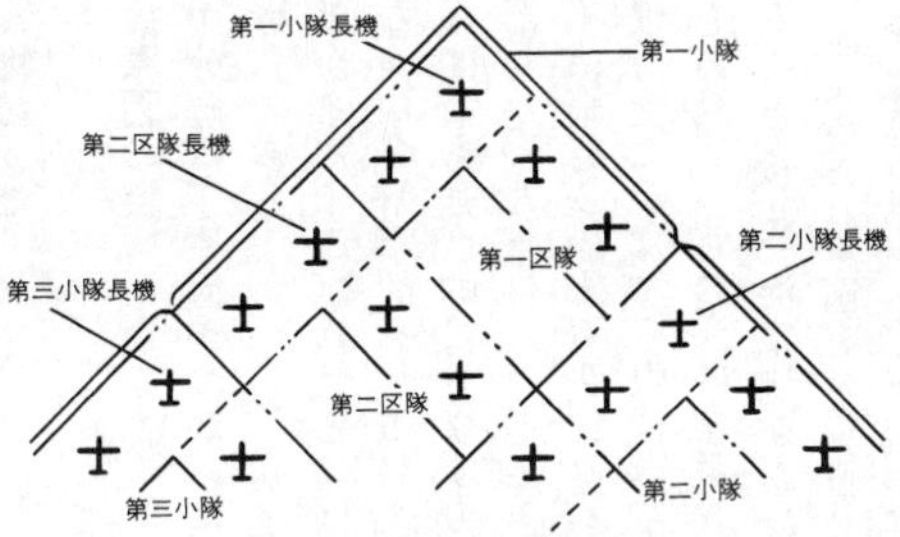

＊戦闘時には２機ずつのペアに分かれ、散開隊形となる

すると、背を曲げ足を開いた姿勢の搭乗員が、操縦席からとび出した。

細長い黒い索が伸びて白い索の束がスルスルと引き出され、パッと落下傘が開いた。飛行機はと見れば、主翼がちぎれて胴体と別々に落ちていく。

飛散した機体が大地に吸い込まれるようにして落ちていったあと、取り残された白い落下傘が右に左にゆれながら降りて行くのが目にしみた。

訓練中止。

私の編隊は機首を下げて落下傘にちかづいた。見れば、吊索にぶら下がった搭乗員は頭を下げ、意識を失っているのか手足がだらりとしたままだ。

生きていてくれと念じつつ、私たちは編隊のまま落下傘の周囲を旋回しつづけ、着地するまでその降下を見とどけたあと基地にもどった。

機の滑走がとまるのももどかしく、とび降りて隊内の治療室に駆け込んだが、横たわっている彼の意識はすでに失われ、かすかに息があるだけだった。

機内から脱出する際に、頭や胸を強打したものらしかった。

残念ながら意識を回復しないままに息を引き取ったが、私より二期下の予科練出身で、おだやかで真面目な人物だった。

（堀光雄『紫電改空戦記』）

事故原因の謎

空中分解は、原因がつかみにくい。とくに機体が空中でばらばらに飛散してしまう場合はなおさらである。

零戦がまだ十二試艦戦とよばれていた試作機時代、テストパイロットが殉職する、という大きな空中分解事故を起こしたことは良く知られていたが、零戦の経験を充分に生かして空気力学的にも強度的にもまず万全と思われていた「紫電改」の事故については、意外というほかはなかった。

とくに飛行長の志賀少佐は、「紫電改」のテストパイロットとして最終速テストを行ない、この飛行機にかんする限り、空中分解は絶対にありえないと断言していたのだ。

ともあれ、いちおうはフラッター（動翼のアンバランスによって起こる翼の異常振動）を疑ってみることとし、海軍側からは零戦いらいフラッターの研究で有名になった空技廠の松平精《ただし》技師（のち日本国有鉄道研究所所長）と疋田遼太郎技師、それに川西から菊原設計部長、羽原修二技師ら四人で現地調査することになった。

伊丹飛行場から当時さかんに使われた海軍の練習兼連絡機「白菊」に乗って、瀬戸内海の沿岸沿いに水島に飛び、その日は三菱の寮で一泊した。

あくる日、出発しようとしたら艦載機の空襲があって中止。すでに日本本土上空は、敵の艦載機がわが物顔に飛びまわり、戦闘機ですらうかつに飛べないありさまだったから、足のおそい連絡機などがふらふら飛ぼうものなら、たちどころに撃墜されるのがおちだった。

　これらの敵機を駆逐すべき新鋭戦闘機の事故原因調査が、その敵機の空襲によっておくらされるのはやりきれないことだったが、二日足止めをくって三日目、空襲の合間をぬって一行はようやく松山にわたった。

　飛行場では、中高度あるいは低空を、川西が生み出した「紫電改」がわんわん飛びまわり、ここだけは別世界のような活況を呈していた。

　現地で、事故発生時いっしょにダイブした僚機の報告によると、高度五千メートルぐらいからはげしいダイブに入り、事故は三千メートルあたりで起こったという。

　このときの計器速度は、三百四十ノット（時速約六百三十キロ）前後と確認されているので、この程度のスピードで「紫電改」が空中分解を起こすとは考えられない。しかし、現実に事故は起こっているのだ。さすがの大家たち四人も首をひねった。

　現場での調査をもとに、鳴尾に帰ってから風洞試験やフラッター試験をやってみたが、これらのテスト結果からはフラッターが原因で事故が起きたという根拠は、何も出てこない。

　結局、事故原因不明のままにときは過ぎ、八月十五日の終戦をむかえてこの調査は打ち切りとなったが、戦後、ジェット機が出現して、マッハ（音速を基準にした速度表示）の領域の問題が明らかになりはじめてから、どうやら原因解明の手がかりがつかめたようだ。

　飛行する物体が音の速度（地上で毎時千二百二十キロ、高度一万メートルで毎時千八十キロ）をこえる前後の速度領域を遷音速（サブ・ソニック）といい、マッハ〇・八から一・二ぐらいまでがふくまれる。

ところで、いったん音速にたっした空気の流れが音速以下に押しもどされるとき、空気がはげしく圧縮される性質があり、衝撃波《ショック・ウエーブ》が発生する。

マッハ〇・七ぐらいの速度でとぶ飛行機でも、機体表面の流れのはやい部分は音速をこえることがあり、「紫電改」が事故を起こしたときの対気真速度は、毎時八百キロにたっしていたと考えられるから、主翼から胴体のフィレットあたりが、部分的に音速をこえたために、衝撃波が発生したとも考えられる。

戦後の研究で、遷音速領域ではフラッター速度が低下する（よりおそい速度でも発生する）ことがわかったので、あるいはフラッターが原因だったとも考えられるが、いまとなってはたしかめるすべもない。

この事故があったとき、三四三空飛行長として現場にいた志賀少佐は、つぎのように語っている。

「この飛行機にかんしては、絶対に空中分解はない、といって出したのに事故が起こったことについて、どんな原因にせよ、テストをやり残した、という自責の念にかられた。それに、自分を後任に推薦してくれた周防（元成少佐）との約束に背いたという思いが、いつまでも念頭からはなれなかった」

さらに、ずっとあとのことだがB29邀撃《ようげき》の際、三〇一飛行隊の仲睦愛一飛曹が空中分解を起こしている。

この日、堀飛曹長（五月一日付で進級）の四番機として出撃した仲一飛曹は、目もくらむような背面からの垂直降下攻撃法でB29に一撃をかけた。志賀少佐が、最終速テストで行なったのと同じやり方で、三〇一飛行隊長菅野直大尉が考えた対大型機攻撃法だ。

しかし、降下して引き起こすとき、胴体が真っ二つに折れ、仲は錐揉み状態で落ちる前部胴体からとびだし、落下傘降下で助かった。

このほか、空中分解はしなかったものの、胴体後部がねじれて皺《しわ》がよるという現象も起こった。

このときは共同通信からきていた空輸パイロットが、九州から胴体がねじれたままの「紫電改」を鳴尾にもって帰ってきたが、ずっとフットバーを一方にふみっ放しだったので、足がしびれてしまったらしい。設計の羽原修二技師が、いろいろテストしてみたが、「紫電改」の胴体は頑丈で、どうしてもつぶれなかったという。

これについても志賀は、

「パイロットが、空戦中に敵の射弾を回避するために、急激な横すべり操作を行なったせいではないか。やはりテストは、あらゆる場合を想定して、無茶な操作もやっておかなければいけなかった」

と反省する。

いずれにせよ、それまでの常識からすれば問題なく頑丈につくられていた「紫電改」が、高性能ゆえに遷音速という新しい領域にふみ込んだために起こった試練であったといえよう。

ちなみに、当時一般には、絶対に音速をこえることはできない、というのが通説だったらしい。

音速が問題になりだしたのは、戦後のことである。

工場壊滅す

月産千機の大生産計画

昭和二十年一月、「紫電改」は「紫電」二一型（N1K2－J）として制式採用になったが、零戦にかわる次期主力戦闘機の本命として「紫電改」に期待をかけた海軍は、これより先の昭和十九年秋に、すでに大生産計画をたてていた。

それによれば、川西の鳴尾、姫路両製作所はもとより、三菱水島製作所、昭和飛行機および愛知航空機、さらに呉の第十一、大村の第二十一、厚木高座など三つの海軍航空廠もふくめて、八ヵ所で生産し、昭和二十年夏には月産千機にしようという、たいへんな計画だった。

すべてのものをつくるには図面がいるが、飛行機のように数万点の部品からでき上がっているものは、単に部品図だけでなく、部分組立図、総組立図、それに作業に必要な指図《さしず》書《しょ》などがいり、これらを八つの工場の各現場に配るとなると、図面の数は膨大《ぼうだい》なものとなる。

ふつう工場現場では青写真というのを使うが、これは透明な紙かクロスにかいた原図を、青焼装置にかけて一枚ずつ焼く。日光写真のようなものだから時間もかかるし、一枚の原図で焼ける枚数も、原図がいたむので限度がある。

そこで菊原は、青写真のかわりにオフセット印刷で図面をつくることにした。

いわゆる発想の転換ともいうべきもので、透明紙に印刷すればそのまま原図として印刷機のないところで青写真をとることもできるし、白い紙に印刷すれば現場で使う図面となる。

これは川西の設計部にいた家満登《やまと》貞彦の提案によるもので、彼は入社するまでは大阪で写真製版をやっていた。

かねて菊原の命令で研究をつづけていたものが、「紫電改」の急速大量生産の要求にタイミングよく間に合い、一台の機械で一分間に約四十枚の割合で図面をつくり、わずか一ヵ月で重量にして約三十トンの元図と作業用図面ができて、ぞくぞく各工場に向けて送られたという。

川西航空機鳴尾工場で撮影された「紫電改三」の試作機。生産の本格化とともに各種計画された改造型のひとつで、エンジンを換装し、機首に13ミリ機銃２梃を追加した性能向上型。

「紫電改」生産の主力工場である川西航空機鳴尾製作所の生産のピッチは、昭和十九年十一月ごろから急に上がりはじめ、二十年に入ると「紫電」の生産をすべて姫路製作所に移して「紫電改」に専念するようになったところから、一月＝三十五機、二月＝四十七機、三月＝五十六機とふえ、三四三空の戦力増強を支えた。

「剣部隊」の活躍

「紫電」ほどではなかったが、「紫電改」にも新機種にはつきものの小さな初期故障はしばしば起きた。

この年の二月ごろ、地上滑走中の「紫電改」の尾輪が突然引っ込み、尻もちをつくというトラブルがあり、川西から田中賀之技師のほか、脚設計の太原玄吾、油圧設計の池宮清二郎、検査の崎村善一の三人が松山基地に出張して調査にあたることになった。

リーダーの田中が部隊の整備分隊長のところに行くと、かつて「紫電」修理班で一緒にフィリピンや台湾に行ったことのある中島飛行機の小沼技師に会った。

「田中さん、しばらく。ところで宿泊はどうなってます?」

「いや、まだどこことも決めてないが……」

「じゃ、私が頼んであげましょう」

そういって小沼は親切にも分隊長に、「田中嘱託の今夜の宿泊の件をよろしく」と頼んでくれた。

その晩は山の上にあった水交社に泊まり、四人は民間では到底お目にかかれないビフテキの夕食にありついたが、田中は一晩中、冷汗ものであった。なぜなら、前回の修理班のときはたしかに奏任官待遇のれっきとした海軍嘱託で海軍士官なみの扱いを受けたが、このときはすでに嘱託を返上してその資格はなかったからだ。さいわいこれはバレなくてすみ、尾輪対策も無事終えて会社に帰ったが、「紫電」の三四一空「獅子部隊」と、「紫電改」の三四三空「剣部隊」との大きなちがいが田中の印象に残った。

前述のように剣部隊(三四三空の別名)では、実戦に備えて「紫電改」はできるだけ取っておき、訓練にはもっぱら「紫電」をあてていた。

この「紫電」の最大の泣きどころは二段伸縮式の引込脚だが、エンジン試運転を見ていた田中の目の前でこの脚が折れ、脚を押さえていた整備員が翼の下敷きになったことがあった。

第17図　「ヘルキャット」と「紫電改」の比較

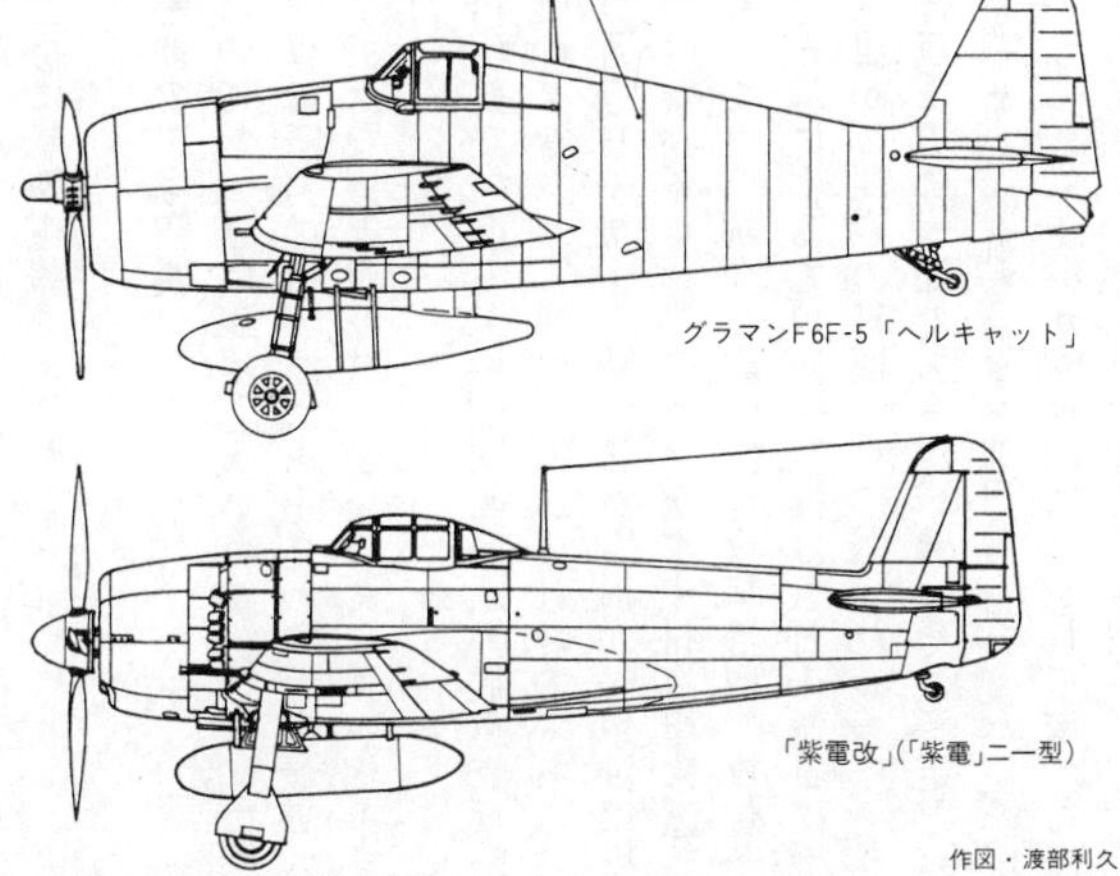

さいわい整備員は死にはしなかったものの、これが獅子部隊だったら大問題となり、飛行停止は免れないところで、田中は青くなった。しかし、源田司令も志賀飛行長もいっこうに意に介する様子もなく、飛行訓練はつづけられた。

〈これはやる気がごっつうあるな〉

田中は舌をまいたが、松山基地の剣部隊の大戦果の知らせがもたらされたのは、それからざっと一ヵ月後のことであった。

三月十九日、呉軍港に来襲した敵艦載機を迎撃した剣部隊が、F6FおよびF4U戦闘機あわせて四十八機、SB2C(カーチス「ヘルダイバー」爆撃機)四機、このほか地上砲火によるものを含めると全部で五十七機を撃墜したというのだ。(この日の戦闘については拙著『最後の撃墜王』『紫電改の六機』いずれも光人社、参照)

剣部隊のこの戦果にたいしては数日後、

豊田副武連合艦隊司令長官から感状が授与されたが、源田司令も「紫電改」をつくった川西航空機に感謝電報を送った。

悪夢の工場空襲

このできごとは工場を大いに勇気づけ、「紫電改」の生産に拍車がかかった。この結果、四月には三月の五十六機を上まわる過去最高の七十二機を記録し、このままいけば月産百機も夢ではないと思われたが、こんな強い相手を生みだす工場を敵がほうっておくはずがなかった。

川西航空機の各工場が関西地区の最重点攻撃目標のリストにのぼり、B29による日本本土空襲のスケジュールに組み込まれたのである。

「五月五日午後十一時、B29六機が神戸沖に機雷を投じたが、うち一機が撃墜され、落下傘をつけたパイロットの死体が本庄村海岸に漂着した。

もっていた航空写真には、攻撃目標、攻撃予定日、目標物付近の目印などが記入してあった。それによると川西航空機は五月十一日にマークされており、近くにある森の稲荷神社の大鳥居が、注意の目標にしてあった」

神戸市史の一節であるが、敵はその予定どおりにやってきた。主目標は甲南製作所（現在の新明和工業㈱航空機事業部甲南工場）で、大阪湾の南にあたる箕島付近に集結したB29八十機のうち、六十機が数梯団に分かれて南から侵入、二百五十キロから一トンの高性能爆弾百四十六発によって工場の大半を破壊した。

三十分足らずの悪夢のような爆撃で、工場では死者百三十八、行方不明九、重軽傷百二十五の被害をだし、かつては二式大艇を月産十数機のペースで流した巨大な工場は、廃墟と化した。

その悲惨な様子が、前出の動員学徒の記録『琴江川』になまなましく伝えられている。

昭和二十年五月十一日、「空襲警報」でいつものように六甲山まで避難しましたが、何かいつもとちがうと気づいたときには、B29の大編隊が押し寄せて来て、何千もの雷が一度に落ちたようなものすごい音とともに友だちも何も見えなくなりました。もう無我夢中で木の根、草の根にかじりつきました。

音が小さくなったのでそっと顔を上げると、まっ黒の煙の中で何か赤い火の玉のような大きなものが見え、それが頭の上に落ちて来そうで、ただ恐ろしくて山の中をはいずりました。「お母さーん」「お母さーん」と泣き叫ぶ声があちこちから聞こえ、友だちを見つけては抱き合って泣きました。その不気味な火の玉は、煙をとおして見た太陽だったのです。「ああ、助かったんだなあ」と思い、ふと下を見ると、工場や寮のあたりも火の海で、ものすごい火柱とともに黒い煙、白い煙が立ちこめていました。夜の神戸や大阪の空襲を人ごとのように見ていたのに、自分がこうして空襲にあってはじめて戦争のこわさが身にしみてわかりました。

――吉岡禎子（旧姓土井）

青く伸びた麦畠をたくさんの逃げまどう人たちがいた。麦の陰にしゃがんだり、また立ち上がって歩いたりして、山は遠かった。爆音が私の耳もとでし、低空まで降りた飛行機（B

29を護衛してきたP51「ムスタング」戦闘機）には、機銃掃射をつづけるアメリカ兵の顔があった。思わず体を畑に伏せたが、危険を感じてすぐ起き上がって歩いた。舞い降りて来た敵機は、畑の中を走る人々を容赦なく射って来、倒れる人影を見て、私はあきらめて歩き出した。

——空襲のあと、くすぶりつづける広い焼け跡に、まっ黒焦げの人の顔や、棒切れのような黒い手足、どす黒い血が光ってつるんつるんになった肉塊が散らばり、目のやり場がない無惨なありさまだった。

私は友だちと死体や怪我人の収容所へ、知人はいないか見に行った。広い板の間に一寸のすきまもなく並べられた遺体は、ちょっと見ただけでも痛ましくて見分けがつかなかった。恐怖と悲しみで体をがくがくさせながら探したが、一人として見つけ出すことはできなかった。

——藤川容子

まっ黒こげになった寮のふろたきのおじいさん、走っている姿のまま黒こげになった人、同じ動員にきていた他校の人の死がいが並べられた所、それはもう悲惨でした。

途中で高等商船学校の男生徒たちが、地上にもり上げてつくった防空壕のまわりでたくさん焼け死んでいるのが目にとまりました。あんな防空壕なんて何の役にも立たないのにと、今さらのように嘆かわしく思えてきました。もしこの空襲が夜であったなら、私たちもあのようになって全滅だったろうと思うとぞっとしました。

——吉岡禎子（旧姓土井）

あの青春の日のあまりにもひどく、この上ない恐怖は、敗戦後四十年以上たった今も、忘れることはできない。おそらく私の人生にとって、死ぬまで忘れることはないと思う。

――岩佐久美子（旧姓鎌田）

「紫電改」の主生産工場、鳴尾製作所がやられたのは、これよりほぼ一ヵ月後の六月九日だった。

武庫郡鳴尾村（現在の西宮市鳴尾町）にある鳴尾製作所は、それまで神戸、芦屋、西宮地区のたびかさなる空襲にも不思議に無傷だった。

武庫川じり西岸の二十二万平方メートルにおよぶ広大な敷地には、工場群が建ちならび、徴用で全国からあつまった従業員は三万人にたっし、村の東は川西の従業員寮が軒をつらねていた。

鳴尾製作所がやられそうだということは、数日前に大阪地区の空襲で撃墜され落下傘降下したB29の乗員を憲兵隊で尋問してわかっていた。

もっとも、それより二、三日前に岐阜の川崎航空機がやられていたので、だれしもが爆撃のちかいことを覚悟はしていた。それから昼夜兼行で機械、治具《ジグ》そのほかを運び出したが、厖大な工場設備をとてもそんな短期間に移動させられるものではない。搬出作業が終わらないうちに六月九日当日となり、またしても予期されたとおり、B29の大編隊が朝曇りの鳴尾製作所上空をおおって来襲した。

空戦フラップ開発の立て役者だった清水三朗は、このころ設計から転出して組立工場長となっており、この朝は本社倉庫になっていた鳴尾北国民学校で不足部品をしらべていた。このころ、清水工場長の最大の課題は、その日に組み立てる飛行機の部品をいかにそろえるかだったからで、それを終えて九時を少しまわったころ、一人で工場に向かった。

途中で空襲警報が出たので、近くにあったタコツボという一人用のタテ穴式防空壕に飛び込んで空を見上げると、今しもＢ29の大編隊が通りすぎるところだった。さては目標を誤ったなと思い、タコツボから出て歩き出したのがいけなかった。

敵機は通過する前にすでに爆弾を投下しており、「シャーッ」という雨が降るような音とともに黒い爆弾が一団となって清水の頭上に落ちてくるのが見えた。とっさに目と耳を抑えて地面に伏せたとたん、物凄い爆弾の破裂音と地ひびきがした。それが終わって起き上がってみたら、右の手首から先がぶらぶらして血が吹き出している。麻痺しているのか、少しも痛みは感じない。

とりあえず持っていた三角巾で血止めをしているところに第二波がやって来て、またしても爆弾の洗礼だ。今度は土をかぶって埋もれてしまった。意識はしっかりしており、片手が使えないので時間をかけて起き上がったら第三波が来た。覚えているのはそこまでだった。

工場では前日からの指示にもとづき、警戒警報発令と同時に、工場防衛隊約百名をのぞき全員が武庫川畔の防空壕に退避していたが、警報が解除されて工場の近くまでもどって来た社員の一人が、倒れている清水工場長を発見した。

「あ、清水さんや。工場長がやられとる」

さっそく数人がかりで清水を戸板に乗せて上鳴尾の会社の病院に運んだ。以下、清水の語るところによると、

「病院についたとき、何やらまわりでガヤガヤいっているのが耳に入ったが、あと気づいた

のは右手首を切られたあとだった。

切ったのは、外科の医者はほかの負傷者の手当で忙しかったので、手の空いていた耳鼻科の医者だった。二、三日したら本職の外科の医者がやってきて、この切り方はよくないからもう一回切ろうかという。私は切ってくれといったが、まわりで『清水さん、少しでも長いほうがいいよ』というものだから、医者も『それなら切らんでおこうか』といってやめた」ということで、その右手首は永久に失われてしまった。

激減した生産

鳴尾空襲で投下された爆弾は、じつに三百二十八発、工場建物の大半は破壊焼失し、死者二十三、行方不明六、重軽傷者二百三十一名の犠牲をだした。この日の爆撃では、むしろ工場外に避難した人びとが被害をうけ、工場内にとどまっていた設計の竹内和男ら工場防衛隊員は無事だった。

川西では、破壊された工場はそのままにして、外見上はまったく使えなくなったように擬装し、主翼や尾翼の組立工場は、破損した鉄骨の屋根の下に木製の屋根をつくり、資材と作業員を雨露からしのぐようにして生産をなんとかつづけようとした。

しかしこの苦心も、その後八月六日までに四回もくり返し爆撃をうけたので、実効はほとんどあがらなかった。

日本毛織から転換して「紫電」および「紫電改」を生産していた姫路工場も、六月二十二日、高性能炸裂弾二百二十九発によって壊滅的損害をうけ、川西の主力工場のあいつぐ破壊によって、以後の「紫電」および「紫電改」の生産は、がた落ちとなってしまった。

二月十七日の横空での善戦、三月十九日の松山上空における大勝につづき、戦闘機から大型爆撃機、飛行艇にいたるさまざまな敵機を相手にしての三四三空「剣部隊」の活躍も、こうした手痛いしっぺ返しの結果、しだいに尻つぼみになることは避けられなかった。

これを数字で示すと、鳴尾の生産は空襲をうける前の五月の六十一機にたいして六月＝七機、七月＝十一機、八月＝五機、姫路では五月の二十機にたいして六月＝十三機、七月＝一機、八月＝ゼロ（「紫電」をふくまず）とそれぞれ激減している。

当然のことながら、この影響は実施部隊である剣部隊にもおよび、あいつぐ機材の損耗にたいして、補充がほとんどできなくなってしまった。

このことは剣部隊の保有機数の消長を見ればよくわかる。三月には八十機ちかくあったものが、戦闘激化とともに損耗が補充を上まわって減りはじめ、それでも五月ごろには、まだ五十機程度を維持できたが、工場空襲による生産力激減の影響が出はじめた六月ごろから急速に落ちこみ、七月にはついに三十機を割る状態になった。整備のおくれや被弾などで、作戦可能の機体は、これをさらに下まわるので、三飛行隊合わせて実動はわずか二十機あまりと、全盛時の一飛行隊二十四機にもおよばなくなった。

最初からの飛行隊長のうち、四〇七飛行隊長林大尉すでに亡く、後任の林啓次郎大尉も七月二日に前任隊長の後を追って戦死、のこるは鴛淵、菅野両隊長だけとなった。隊員も杉田上飛曹をはじめ歴戦の勇士がつぎつぎに戦死し、若い隊員とかわっていた。

地下工場への疎開計画

甲南、鳴尾、姫路と主力工場をあいつぐ爆撃で破壊された川西の飛行機生産能力はガタ落ちになった。これを六月の数字で見ると、姫路が「紫電」六機と「紫電改」十三機でまずまずだったが、昭和十九年十二月の第五百四十三号機をもって「紫電」生産を姫路に移して「紫電改」の専用工場となった鳴尾製作所は、たった七機になってしまった。

ほかに代わるべき戦闘機がないところから「紫電改」を最優先機種とし、川西のほか民間各社や三つの海軍航空廠も含めた月産一千機の目論見も、これで大幅に後退してしまった。

しかし、ここで呆然としているわけにはいかない。川西では破壊された工場での生産再開を急ぐ一方では、工場疎開を開始した。

京都府の福知山に海軍の秘密飛行場があった。むかしからあった逓信省の滑走路を海軍に移管し、飛行場を拡張したり掩体壕をつくったりしたもので、川西ではその近くの山あいを利用して工場をつくった。といっても敵機にわからないよう横穴式と、戦後見られた進駐軍のカマボコ兵舎に似た建物を何棟もつくり、その上を山をくずした土で覆ってカムフラージュした、およそ原始的な工場だった。

工場長はのちに新明和工業の副社長になった河野博、次長が「紫電改」設計の際の連絡係をやった足立英三郎、そして板金の鳥本泰次郎、検査の崎村善一らも一緒に移った。

ここは兵庫県と京都府の県境を越えて京都側に少し入った盆地にあり、交通の便は加古川から加古川線、姫路から播但線のいずれかのローカル線で、今のようによく舗装された道路も自動車もなかった時代だったので、連絡や部品の運搬には苦労した。

それでも六月に工場建設を開始してから、ノックダウン方式ではあったが終戦までに六機を完成させた。しかし、このことがのちに崎村たちに、はなはだ気の進まない役目を強いることになったが、それについては後述する。

　あまり知られていないことだが、姫路製作所とは瀬戸内海をはさんで対岸にある四国でも「紫電改」がつくられていた。

　徳島市の西約二十五キロほどの阿波郡市場町に海軍の飛行場があり、この飛行場から少し離れたところに川西は山を利用した横穴式の組立工場をつくった。

　もともと工業のあまり盛んでないところだが、民需産業が軍需産業にくら替えし、筒井航空（麻植《おえ》郡鴨島町）、亀陽航空（香川県丸亀市）、日の出航空（徳島市）などと社名を変えて、それぞれ「紫電改」の胴体、主翼、艤装部品などをつくっていた。以前はそれらを鳴尾製作所に送って組み立てていたが、鳴尾の空襲による破壊で完成組立を海軍飛行場に近いところに工場をつくり、組立から試飛行までをやろうという計画だった。

　海軍の飛行場から三キロほど離れた工場は、戦争も終わりに近い昭和二十年の八月はじめに完成した。

　鳴尾で現場の進捗係をやっていた平木本一は、鳴尾工場被爆のあとここに転勤を命じられた。彼の実家が飛行場の近くだったので、できるだけ故郷に近いところで仕事をさせようという会社側の配慮もあったらしく、平木は喜び勇んで赴任したが、着任早々腸チブスにかかるという不運に見舞われた。

　ほかの工場でもそうだったが、相変わらず部品不足に悩まされ、姫路から行った人たちの主な仕事は、下請けの工場をまわって部品を集めてくることだった。それも自動車などないから、ほとんどが人による運搬に頼る始末で、ひどく歩く上に工場の床のコンクリートの打ち方が粗いので靴底の減り方が早くて困った。

その靴も牛皮がなくなって豚皮となり、しまいにはサメ皮の靴まで出まわる始末で、日本の物資窮乏は末期的様相を呈していた。

姫路製作所の北東約十五キロほどの北条というところにも分工場ができた。

姫路のすぐ東の加古川から出ている加古川線の粟生《あおう》という駅で北条行き支線に乗り換え、三つ目の法華口で降りて少し歩いたところに飛行場があり、ここに鶉野《うずらの》海軍航空隊があった。川西ではほかの疎開工場同様、この航空隊の近くの山あいを利用して覆土式の組立工場をつくった。一棟に二機ずつ入るカマボコ型のかなり大きな建物で、山すそを削って建てたあと、屋根を残土で覆ったため、上空からはそれとわからないよう工夫されていた。

このころになると敵は小型機までがわがもの顔に飛びまわり、露出した工場らしい建物はすべて敵機の攻撃の対象になったからだ。

この工場も八月になってやっと完成し、壊れた姫路工場でつくられた最初の一機を運び込んで試飛行をすることになった。

機体は組立を完了したあと、エンジンとプロペラがついた機首部、主翼と前部胴体、後部胴体と尾翼の三つに分解され、三台の馬車で運ばれた。

姫路から鶉野にいたる道はむかしの街道筋だったが、飛行機を運ぶために道は広げられていた。とはいっても舗装されないでこぼこ道で、しかも途中に猫の峠とよばれたゆるく長い坂道があって運搬部隊を悩ませた。

鶉野飛行場には予科練の兵隊がいて施設の維持や防空壕づくりの作業をしていたが、その一部は姫路から分解して送られて来た機体の再組立てに従事していた。

完成検査は会社の担当となっており、姫路で組立ラインの主任をやっていた大木高祐が部下とともに常駐していたが、一号機が運び込まれて十日ほどたったある晩、機体が完成したとの知らせで大木たちが駆けつけて説明を聞いていたところ、担当の海軍下士官がいきなり大木の顔をなぐった。

眼鏡が飛んだが、さいわい破損も変形もなかった。しかし、収まらないのは大勢の前でなぐられた大木の心中だった。

「何でなぐるんだ。理由をいえ」

「黙れ、ぐずぐずせずに検査を早くやれ」

「駄目だ。なぐった理由がはっきりするまで検査はやらん。文句があるなら隊長を呼んで来い」

おたがいカッカして険悪な状況になったところへ、運よく若い少尉の隊長が巡視にやって来たので大木がなぐられたいきさつを話したところ、隊長も下士官も謝った。

昼夜ぶっ通しの作業で、しかも不慣れなために不具合が多く、何回も手直しをさせられて、この下士官も頭に来ての発作的行為だったのである。

納得した大木たちの手で検査を終えた一号機は、翌日試飛行に成功した。

このことがあってからこの下士官の態度も変わり、部隊と会社の人間との関係もよくなったが、間もなく終戦となり、完成したのは一機だけであった。

鶉野飛行場の組立工場とは別に、今は加西市《かさい》（兵庫県）に編入されている北條町のはずれの山のふもとに、大きな地下工場が建設中だった。ここで使われる工作機械や設備類は鳴尾および宝塚両製作所から運ばれたが、工場が未完成のため付近に分散保管された。工作機械だけでも四百二十五台もあったというから、かなり大がかりな工場になるはずだったが、完成を見ないうちに戦争が終わってしまった。

敗戦の日

阪急電鉄西宮駅の北方、甲山《かぶと》のふもとの甲陽園というところでも、大規模な地下工場の建設が進められていた。一部は完成し、宝塚および鳴尾製作所から機械が運ばれて試運転がはじめられた。完成のあかつきには二千人ほどの大工場になるはずだったが、一方ではまだ海軍の設営隊が穴を掘っている最中だった。

この工場建設のため設計から派遣されていた宇野唯男は八月十五日、山の近くに建設中の工員宿舎を下見に行った。宿舎といっても地面を掘り下げて上に三角屋根をのせただけのお粗末なもので、宇野が敗戦を知ったのは、夕方、事務所にもどってからだった。海軍設営隊には徴用でつれて来られた朝鮮人の設営隊員がたくさんいて、日本の敗戦を境に第三国人となった彼らは、酒や食糧を持ち寄って戦勝祝賀会を開いて騒いでいた。

その晩、誰もいないので事務所に泊まって不安な一夜を過ごしたが、残されたたくさんの機械が心配になった宇野は、翌朝、設営隊の中の長老格の人に機械の保管を頼んで帰った。

朝鮮の人たちが年寄りを尊敬しているのを知っていたからだが、後日、進駐軍から機械のリストを出せといわれてしらべに行ったとき、約束どおり機械は一台もなくなっていなかった。

工場だけでなく設計もあちこちに疎開したが、交通や通信も空襲で妨害され、とても組織だった仕事などできなくなっていた。そんなとき、各地に分散した設計の中から特攻機設計要員が選ばれた。

菱田一郎、金崎正、多賀拓平、小原正三、長島輝徳、得能健治郎、豊福厲治《れいじ》の七人で、彼らがやることになったのは、東大航空研究所の小川太一郎、谷一郎博士らによって計画されたパルスジェットを動力とする特殊攻撃機だった。簡単にいえば爆弾に翼と動力をつけ、これを人間が操縦するというドイツV1兵器の有人版であった。

設計は海軍航空技術廠（当時は第一技術廠と改称されていた）で行なうというので、七人は張り切って横須賀に赴任した。

すでに広島、長崎に原爆が投下されたあとで、放射能よけとして防空頭巾なども白いのをわざわざつくって持って行った。

空技廠に着いた一行は担当の飛行機部部員にあいさつをし、翌日から防空壕の中の設計室で図面をかくことになった。

その翌日が八月十五日で、昼の玉音放送（天皇の終戦に関するお言葉）を聞いて敗戦を知った。すぐに神戸にもどらなければならないが、混乱の中でなかなか汽車の切符が買えない。すると七人の中の一人、元海軍技術大尉の金崎が、「切符はオレにまかせろ」といって入場券を七枚買って来た。

それで金崎を先頭に改札を通り、まんまと汽車に乗ってしまったが、今度は降りるときが問題だ。だが、それも金崎がオレにまかせろといって、どうやって改札を出たのか入場券を買って来たので、それでみんな改札を無事通ることができた。

敗戦はみじめなものだ。誰もがさまざまなかたちでその悲哀を味わったが、川西で主として戦闘機のテストを担当していた岡本大作飛行士（前出）も例外ではなかった。

岡本は敗戦の知らせを鳴尾飛行場で聞いたが、それからしばらくすると四国方面から「紫電改」が続々飛来した。搭乗員たちは地上に降り立つと飛行服を脱ぎ捨て、階級章も引きちぎっていずこともなく立ち去った。

海軍予備大尉の経歴を持ち、日本海軍をこよなく愛していた岡本にとって、海軍航空隊の終焉をこんな形で見せられるのはつらいことだったが、いつまでもそんな感傷にひたっているわけにはいかなかった。

岡本自身は飛行場長代理として鳴尾に残っていたが、ほかのパイロットたちは疎開工場のある福知山、姫路、徳島飛行場などに分散していたので、彼らと急いで打ち合わせをする必要があった。

「機上作業練習機に乗ってまず福知山へ飛んだ。次の日は姫路に飛んで宿泊。翌朝、鳴尾に帰るため飛行機に乗ったら、主な計器は取り外されており、左タイヤの空気が抜かれている。風防ガラスもない。機内に入れておいた飛行帽も眼鏡も手袋も姿を消している。敗戦のどさくさにまぎれて、だれかが盗んでいったようだ。

やむを得ない。麦わら帽をかぶり、片手で目を覆って、もろに飛び込んでくる風圧を避け、がむしゃらに飛び上がった。『ひどいことをする』という怒りよりも『これが空とのお別れか』という感傷の方が先に立つ。大空を穴のあくほど見詰めながら涙とともに着陸に移った。最後の着陸だ。今まで得た技量のすべてを出そうと思ったが、タイヤの空気を抜かれているのでどうにもならない。着陸後、左に九十度振り回されて止まった。頭上には青い空と大きな白い雲があった」(岡本大作『テスパイ人生』)

最後の飛行

終戦後のテスト飛行

太平洋戦争がはじまってから約四年、日華事変から数えれば八年におよんだ戦争は、無条件降伏という結末で終わり、すべての軍隊は武装解除をして消滅したが、残務整理という名目で基地に残った軍人も少なからずいた。

彼らはほかにも占領軍の受け入れ、武器の引き渡しなどの業務に当たったが、剣部隊の大村基地では、さる重要任務のため姿を消した源田司令に代わって飛行長志賀少佐が残った。

九月中旬、アメリカ軍は大村基地に進駐してきた。志賀は負けたという気はないので、興味をもって彼らを観察することにした。

四発のダグラス輸送機からぞくぞく降りてきたのは、アメリカ軍のなかでも最精鋭を誇る海兵隊だった。輸送機からはジープも降ろされた。ところが、その運転は大佐がやっている。

どうも自動車の運転は、いちばん偉いのがやるらしい。運転の訓練をうけた、ごく少数の者しかやれないわが海軍では、考えられないことだった。

食事時間になった。とくに食事当番とか従兵とかいった者は、いないように見える。机をならべ、勝手に食い、自分で片付けて出て行く。万事がじつに合理的でビジネスライクだ。

「こいつはおもしろい連中だな」

そう思っていると、責任者はこい、というので志賀が行くと、

「How many transportations have you ?」

といっている。トラックといえばいいものを、トランスポーテーションなどというものだから面くらった。押し問答の末ようやくわかって、佐世保鎮守府からトラックを六台調達してきた。

そのうちやはり残っていた基地司令山田中佐から、「紫電改」のテスト飛行をやってくれ、といわれた。

アメリカ軍が本国にもちかえるため、三機ほど横須賀に空輸するためだという。

プロペラをはずし、タイヤもパンクしたまま、半月以上もほったらかしてあったのを急いで整備して、なんとか飛べるようにした。

飛ぶ前に、志賀はテスト方法について打ち合わせた。できることなら、自分の手で育てた「紫電改」のすばらしさをとことん彼らに示してやりたかったが、三百メートル以上は上がるな、といわれた。

「OK、だがループ（宙返り）はいいだろう?」

「ノー」

「バーチカルターン（垂直旋回）はどうだ?」

「ノー、直線飛行だけだ」

打ち合わせを終わって飛び上がったら、とたんにグラマンF6Fがやってきて、ぴたりと横についた。

〈ははー、敵さん、だいぶ警戒しているな〉

こう思いながらふと見ると、燃料がもれて白い尾を引いている。これはいかん、と慣れた着艦操作に従って小さくまわって降りたら、彼らから拍手で迎えられた。うまいというわけだ。

先方にとっては、メンテナンスのミスはめずらしいのだろうが、その整備ミスのおかげで、こちらの技量を認めさせる結果となった。

故障を直して、もう一度上がった。飛びながら、これが最後だな、と思うとさまざまな感慨がわいた。

ついてくる「ヘルキャット」を横目で見ながら、志賀はちょっといたずらをしてやれと思った。彼らは宙返りと垂直旋回はいかんといったが、ロールについては何もいわなかった。どうでもなれ、という気持もあって、三百以下という禁を破って五百メートルまで引き上げた。飛行場に向かって降下しながらスローロールを打った。

「ヘルキャット」があわててよってきて、すぐ降りろという。

そういうことをやってはいけない、とあとで彼らは文句をいったが、スローロールをいかんとはいわなかったはずだ、と志賀はとぼけた。

それ以上は彼らも強くいわず、むしろ志賀の飛行ぶりを鮮やかだといってほめた。相手の技量にたいしては、率直に敬意を示すいい連中だな、と志賀は思った。

終戦後、米軍への引き渡しのため大村基地を発進する三四三空の「紫電改」。米軍の良質の燃料とオイルを入れた3機は、護衛のグラマンが追いつけないほどの高速力を発揮できた。

丸腰「紫電改」の空輸

そのうち、「紫電改」空輸の打ち合わせで、山田司令といっしょに進駐軍の本部に行った。相手は背のたかいハンサムな少佐だった。

空輸当日、グラマンF6Fが護衛のため、両側についた。むこうは実弾をこめ、こちらは機銃を全部はずした丸腰だ。ところが、巡航で飛ぶ「紫電改」にどうしてもグラマンが追いつけない。これまで悪質の燃料とオイルでいじけていた「誉」エンジンが、米軍の良質なものを使ったために、本来の高性能を発揮しだしたためだ。それに武装もないから機体も軽い。

このときの空輸の一員だった田中敏夫上飛曹（名古屋市）は、こう語る。

「おくれ勝ちのグラマンが、全速で追っかけてきた。なんとも痛快な気分だった。グラマンのパイロットに、スロットルを絞る真似をし、駄目、駄目と手をふってみせた」

横須賀に着いたら、あとからダグラスで大村で会ったハンサム少佐もやってきた。彼は輸送機の機長だったが、翌朝の新聞に出ていたのを見て、アメリカの有名な映画俳優タイロン・パワーだと知った。そういえば、山田司令がしきりに、タイロン・パワーといっていたのを思い出し、あらためて顔を見ると、なるほど映画や写真で見たのとそっくりだ。ハリウッドきっての二枚目スターの実物にお目にかかるなんて、これも戦争のおかげだな、と志賀はちょっと妙な気がした。

空輸が終わるとパワー少佐は京都見物に行くことになり、志賀も同行した。大津の飛行場に着陸の際、飛行機がオーバーランして滑走路端の砂地にのめり込んでしまった。押しても引いても砂地から出られないので、パワー少佐が志賀に向かっていった。

「少佐《コマンダー》、どうしたらいいと思う?」

「私は後ろに引くべきだと思う」

志賀の答えに応じて、パワー少佐が叫んだ。

「トライ、アゲイン!」

すると、全員が「トライ、アゲイン!」と呼応して、作業にかかった。

彼らはさかんにこの言葉を使ったが、「リメンバー、パールハーバー」いらいの合言葉で、「よし、やっつけろ!」といった意味だったらしい。

京都に三日滞在して彼らが引き揚げるとき、挨拶にいった志賀に、タイロン・パワーは煙草や草花の種子などをくれた。このとき芽ばえた友情はずっとつづき、その後も文通を欠かさなかったという。

「紫電」の最期

ここで、「紫電改」の兄貴分にあたる「紫電」の終焉《しゅうえん》についても触れておかねばならない。

フィリピンで全滅した三四一空紫電隊のあとを受けて、昭和二十年三月、筑波航空隊に戦闘四〇二、四〇三の両紫電隊が誕生した。いずれも二十四機ずつの飛行隊で、関東地区に来襲するB29やP51を邀撃しながらの、訓練即実戦という毎日を送っていた。

横空や三四三空での「紫電改」の活躍がしきりに伝えられたが、この隊員たちは自分たちの隊に「奇兵隊」と名付け、「紫電」で勇敢に戦った。

四国の室戸岬方面に出没する敵機を邀撃するため、六月末に部隊は姫路に移駐したが、ここで終戦を迎え、八月二十四日、可動全機による納《おさ》めの飛行を行なった。

飛行前、戦闘四〇三飛行隊長三森一正大尉は、緊急命令で海軍省に出頭する司令五十嵐周正中佐から、「おい三森、短気を起こすなよ」と、しみじみいわれたという。

「たがいに肩を組むような気持で編隊飛行を終えたわれわれは、その後、二度と飛行場に出る気にはなれなかった」と語る三森大尉の気持は、そのまま全隊員に共通なものであったろう。

やがて、「紫電改」同様、「紫電」も三機が横須賀に空輸されることになった。

「私は、関野大尉以下三名をえらんだ。

雨ざらし同然の状態で放っておかれた『紫電』を何とか整備して仕上げたが、米軍はテスト飛行を許可しない。そのうち、横須賀へ出発の日となった。グラマンが一機、先に飛び上がり、整備不充分の『紫電』三機が、うなりをあげて始動をはじめた。

……離陸、脚を上げ、行儀よく胸にかかえこんで、まるで邀撃戦に出撃するようにしてグラマンの後を追った。

見送る私たちの眼の中に、関野大尉以下のゆがんだ顔がありありと浮かぶような気持だった。敵機動部隊を襲撃するために飛んでいったのではなく、敵に献上するために翼をならべている三機。

整備不良のまま、行く手には、鈴鹿、箱根の難コースが待っているだろう。

その翼に、なつかしい日の丸は見当たらず、アメリカのマークが、あざやかに彩られていた。そういう三機の後上方からグラマンが一機、まるでピストルをつきつけるような恰好で監視しながら、追い立てていった。

それが、わが奇兵隊における最後の『紫電』の姿だった」（三森一正、雑誌「丸」所載）

葬送の炎

部隊だけでなく、工場にも「紫電改」の最後のときが訪れた。

爆撃でやられた川西の鳴尾製作所では、焼けただれた鉄骨の下に仮屋根をつくり、ほそぼそながら生産をつづけていたので、終戦時には十数機の未完成「紫電改」があった。

アメリカ軍が進駐後、ＭＰがやってきて、飛行機を焼くから一ヵ所にあつめろ、というので作業員が押していこうとした。すると、自分の運命を知ったかのように「紫電改」は動こうとしない。タイヤのほとんどがパンクしていたし、それに押す方も力が入らなかったにちがいない。

　仕方がないので、ブルドーザーで押すことになった。がくんがくんと、まるでいやがるのを無理に押しやるように一ヵ所にあつめられた「紫電改」に、こんどはガソリンをかけろという。

　それはできないと拒否するとMPは自分でガソリンをかけ、さっさと火をつけた。めらめらと燃えあがる火が消えかかると、またもやガソリンをかける。残酷な火葬のシーンだ。

　アルミが溶けて形がくずれ、すすけた骨組ばかりになったあわれな「紫電改」の姿を、菊原設計部長はじめ工場の人たちは、いつまでも見つめていた。


　六月二十二日の爆撃で全滅し、生産力ゼロとなった姫路製作所は、航空隊わきの鶴野に移転して地下工場や飛行機をかくすための誘導路づくりなどをやっていた。

　終戦と同時に全員解雇、すぐに百名ほど再雇用して後片付けをはじめた。

　ここも鳴尾同様、アメリカ軍がやってきて飛行機は燃やせというので、姫路航空隊の飛行機を、軍需部倉庫に山積みしていた二十ミリ機銃といっしょに火をつけた。

　組立工場主任高橋元雄は、焼かれる飛行機を見るにしのびず、その場を立ち去ったという。

　川西で「紫電改」を一番最後に見送ったのは、鳴尾製作所から京都府の福知山疎開工場に行った崎村善一たちだった。

　それは戦争が終わった年の十一月末か十二月初め、かなり大雪の日だったと崎村は記憶している。その雪の中を通訳をつれたアメリカ軍の中尉がやって来て、工場にある飛行機をすべて破壊せよという占領軍命令を伝えた。

すでにプロペラは外してあったが、ここにはほぼ完成した「紫電改」が六機あったからだ。戦争に負けてもはや役に立たなくなったとはいえ、大変な苦労をしてやっと完成させた飛行機を自分の手で壊すのは忍びがたいことだったが、崎村たちはやむなくこの気の進まない作業に取りかかった。

まず、エンジンのキャブレターにダイナマイトを仕掛けて吹き飛ばす。次は主翼の桁に木こりが使うような斧《おの》で孔をあけた。これでもう絶対に飛べない。だが作業はまだ終わらない。最後に脚を壊した。

まるで膝を折るようにガックリと傾いて片翼をついた「紫電改」の姿が、涙の向こうにかすんだ。誰もがこのとき、戦争に敗れたことを実感したのだった。

エピローグ——名機は死なず

志賀少佐、三森大尉らによって横須賀に空輸された「紫電改」は、ほかの機体といっしょに航空母艦でアメリカ本国に送られ、テストされた。

エンジンの電装品を米国製のものにかえ、百オクタン燃料を使って飛んだら、スピードはアメリカのどの戦闘機にも劣らず、機銃の威力はもっとも大きい、と評価されたようだ。

鳴尾本社の整備課長だった宮原勲（故人）も、戦後アメリカの雑誌に「ジョージ（『紫電』『紫電改』のニックネーム）は、グラマンF6F『ヘルキャット』にたいする日本の回答だ」と書いてあるのを見たという。

一九六九年夏、筆者はアメリカを訪れた際、空軍博物館とウイローグローブ海軍航空基地にそれぞれ一機ずつ、保管展示されている「紫電改」を見た。

空軍博物館に展示された機体のかたわらには、つぎのような簡単な説明があった。

「この日本の戦闘機は、第二次大戦の末期につくられたもので、初期の生産上の問題に加えB29による日本本土爆撃に起因するパーツ不足などで、四百二十八機しか生産されなかった。

この飛行機は、太平洋戦で使われた最優秀の〝万能〟戦闘機のひとつであることが立証されている。しかし、Ｂ29にたいする有効な迎撃機としては、高空性能が不充分であった」

もう一機の「紫電改」は、ワシントンのスミソニアン航空博物館が郊外に持っている倉庫にあったが、私は見ることができなかった。しかし、最近の情報によるとアリゾナ州フェニックス市の近くにあるチャンプレン戦闘機博物館に運ばれ、飛ばせることができるよう復元作業が開始されているという。

同じくアメリカに渡ったはずの「紫電」三機の消息については定かでない。

こうしてアメリカには三機もある「紫電改」だが、それを生み出した日本には長い間実物がなかった。ところが昭和五十三年秋、思わぬところからその存在が明らかにされた。

愛媛《えひめ》県南宇和郡城辺町で漁業を営む久保巧さんが、出漁中に落としたイカリを探すべく潜っていたとき、水深約四十メートルの海底に横たわる飛行機らしきものを発見したが、これが「紫電改」であった。

城辺町には戦争末期の昭和二十年七月末か八月はじめ、一機の日本戦闘機が不時着して沈んだのを目撃した人がかなりいたが、あとの調査で、昭和二十年七月二十四日の豊後水道上空での敵艦載機迎撃戦で未帰還となった六機のうちの一機とわかった。

その後、この「紫電改」は愛媛県の手によって引き揚げられ、できるだけ不時着水没時のかたちを残すというかたちで復元された。

復元作業は、川西航空機の後身である新明和工業の協力工場「阿波機械工業」(徳島県阿南市)が現場工事を担当し、新明和甲南工場が指導にあたった。

さいわい、阿波機械の工場長はかつて川西時代に「紫電改」の組立現場を担当していた大木高祐であり、新明和甲南工場の岸川皎蔵工場長（神戸市東灘区）も戦争末期に学徒動員で川西の設計室に配属されて「紫電改」の仕事をした経験の持ち主であり、双方の呼吸はピッタリだった。

愛媛県御荘町の記念館に展示されている「紫電改」。昭和20年7月24日の空戦で未帰還となった三四三空の1機で、昭和54年7月14日に海底より引き揚げられたのち復元されたもの。

引き揚げられた「紫電改」はかなりいたんではいたが、主翼前縁からはものものしい二十ミリ機銃四梃がつき出し、かつての精鋭ぶりを誇示するかのようだった。しかし、そのつき出した銃身と主翼前縁とをなめらかにつなぐ機銃覆いはかなり腐蝕が進み、取り外したものの再取り付けはとてもできそうもないので、大木はそれを新明和甲南工場に持ち込んで同じものの製作を依頼した。

工場長の岸川は学徒動員の川西設計時代、この機銃覆いの図面をひいたことがあり、机上に置かれたボロのそれを見て大きな感慨に襲われた。

〈まさか戦後三十年以上もたって『紫電改』の部品をつくることになろうとは……〉

さっそく岸川の指示で、腕におぼえの板金工によって手叩きの機銃覆いが四個つくられ、阿波機械に送られたのはいうまでもない。

「紫電改」はこうした旧川西関係者たちの情熱に支えられて復元作業を終え、県の手によって建てられた愛媛県宇和郡御荘町の馬背山頂にある記念館に展示保存されることになった。

これによって日本での「紫電改」のモニュメントが一つできたが、じつはこれだけではなく、もう一つあるのだ。

ところは、昭和二十年七月二十四日の豊後水道上空敵艦載機迎撃戦があった空域から、四国愛媛県御荘町とはちょうど反対側の対称の位置にある九州宮崎県東臼杵《ひがしうすき》郡門川《かどかわ》町の、日向灘を見おろす丘の上に立つ鎮魂碑だ。

御荘町の「紫電改」引き揚げより一年以上も前に門川町の沖合で「紫電改」のエンジンが発見されたのがきっかけで、このエンジンは町の有志の人びとの手によって引き揚げられ、その後、前記の場所に太平洋戦争の際にこの付近の空域で戦死した敵味方の霊を祭る鎮魂碑が建立され、亡くなった元剣部隊司令の源田実参議院議員も出席して盛大な除幕式と慰霊祭が行なわれた。

この水域では漁網に機体らしきものも引っかかっているが、水深と早い潮流の関係で引き揚げはむずかしいという。御荘町のように機体がないので門川町の鎮魂碑は訪れる人も少ないが、地元の人たちの熱心な活動に加えて町当局も周辺の環境整備に力を入れ、鎮魂にふさわしい場所となっている。

あの昭和二十年七月二十四日の空戦からざっと四十四年たった平成元年秋、元川西航空機社員たちで組織している川西航友会メンバーのうち四十数名が、御荘町馬背山頂の記念館に展示されている「紫電改」と対面した。

プロペラは曲がり、機体の各部に破損の跡が残されているとはいえ、それはかつてこの飛行機の設計や生産にかかわった人たちに、精悍なりし往年の「紫電改」の姿を思い起こさせるに充分であった。

誰もがいとおしむように機体の周囲をめぐり、若かりし日の苦闘のあとをしのんだが、その日の思いをかつて鳴尾本社航空機部技手補だった武内正（大阪府枚方市）は、筆者への手紙の中でこう書き綴っている。

「あの暑かった夏の日、あなたたちの魂はキラリとつばさの輝きを残して、蒼い蒼い限りない天空へ昇って行ってしまった。

あとに残る同胞《はらから》のしあわせを念じつつ、敵機の大群を撃つべく機上の人となったあなたたちの激しくも悲しい心情を思うとき、その天駆ける柩《ひつぎ》となった『紫電改』をつくった私たち川西航空機の元社員として涙なきを禁じ得ない。

いずれあの世で再会できると思うが、今はただ黙って冥福を祈るのみ。

『紫電改』よ、また会える日まで〝さようなら〟はいわずにここを立ち去ることにしたい」

参考ならびに引用文献＊「海軍戦闘機隊史」零戦搭乗員会（原書房・昭和六十二年）＊「三四三航空隊誌」志賀淑雄編（三四三空剣会・昭和五十六年・非売品）＊「第三四三海軍航空隊戦闘詳報」（同航空隊・昭和二十年）＊「散る桜残る桜」甲飛十期会編（同会・昭和四十七年・非売品）＊「テスパイ人生」岡本大作（講談社出版・昭和六十三年）＊「夏島去来」海軍空技廠発動機部第一工場会編（第一工場会・平成四年）＊「紫電改空戦記」堀光雄（今日の話題社・昭和二十六年）＊「零戦」堀越二郎（光文社・昭和四十五年）＊「琴江川―富岡高等女学校学徒動員の記録」琴江川編集委員会編（同編集委員会・昭和六十一年）＊「社員名簿」川西航空機株式会社（同社・昭和十九年）＊「N1K1-J取扱説明書」（海軍航空本部・昭和十九年）＊「N1K2-J取扱説明書」（海軍航空本部・昭和二十年）＊「戦闘機兵装参考資料その一、射撃兵装〈設計部報告〇四〇七二〉」（川西航空機・昭和十九年）＊「N1K1-J装備兵器明細表」（川西航空機・昭和十七年）＊「川西航空機㈱での井上の職歴」井上博之（平成五年）＊「自動空戦フラップ装置開発の記」田中賀之（平成元年）＊「兵装設計ファイル」豊福廣治（昭和十九〜二十年）＊「戦闘機・紫電改」碇義朗（白金書房・昭和五十年）＊「戦闘機・紫電改」碇義朗（広済堂出版・昭和五十二年）＊「紫電改」碇義朗（サンケイ出版・昭和五十五年）＊「戦史叢書〈各巻〉」防衛庁防衛研修所戦史室（朝雲新聞社）

あとがき

「紫電改」は太平洋戦争中、日本海軍の主力戦闘機として一番最後に登場したが、わずか四百機そこそこしか生産されず、その活躍期間も半年に満たなかった。一万機以上も生産され、戦争の全期間を通じて戦った零戦とはくらぶべくもないが、日本戦闘機隊の終焉を飾ったその活躍によって意外によく知られ、劇画に登場したり、某化粧品メーカーの商品名になったりしている。

筆者が最初に「紫電改」を書いたのは、いまから約十八年前で、『戦闘機・紫電改』として出版された。本は売れたが出版社が倒産し、その二年後に同じ書名で「広済堂ブックス」として、さらにそれから三年後に『紫電改』と書名を縮めてサンケイ出版「第二次大戦ブックス」として、都合三度も出版されていずれも版を重ねたが、時日の経過とともに絶版となり、入手できなくなってしまった。

しかし、熱心な「紫電改」ファンはあとを断たず、書店で探したが見つからないので本の持ち合わせがあったら分けてほしいという問い合わせが、筆者のもとにもしばしば寄せられたことがあった。しかし、手持もすぐに底をつき、以後はそのつどお断わりしなければならず、心苦しい思いをしてきた。

いま改めて「紫電改」の本を書き下ろすことになったのは、そうした読者の方がたの御要望と、この飛行機をつくった旧川西航空機の人びとの熱意にお応《こた》えしたいと思ったからにほかならない。

ところで、最初の本の「あとがき」に、筆者はつぎのように記した。

*

この本の主人公は、「紫電改」という戦闘機である。同時に、この飛行機をつくり、これによって戦った人たちの勇気の記録であり、亡くなった方がたの墓碑銘でもある。

この本は、「紫電改」に関係された多くの人びとの談話と記録をもとにして書かれており、インタビューで収録したカセットテープは三十巻をこえた。

いま、これらのテープを聞きかえしてみると、娯楽はおろか、食すら不自由だったあの時代に、ただひたすら「紫電改」による勝利にかけて生きた若き日々のことを、熱っぽく語ってくれた人たちとの対話が思い出され、三十年という歳月が嘘《うそ》のように、それらがなまなましい出来事に感じられた。技術者たちは、いまでも自分たちがつくった「紫電改」はすぐれた戦闘機だったと信じていたし、かつての戦士たち（いまなお現役で飛んでいる人もいるが）も、空中戦では最後まで敗れなかったという誇りを失っていなかった。

*

さすがに十八年の歳月は重く、この間に、当時まだお元気だった菊原さんや源田さんはじ

紫電改の前に立つ著者。アメリカ、オハイオ州デイトン・ライトパターソン基地の空軍博物館で。1969年６月12日撮影。

め、亡くなられた方が少なくない。このことから、稿を改めるにあたっては取材の点がもっとも心配されたが、「紫電改」の強さの秘密ともいうべき自動空戦フラップの発明者であり、のちに組立工場長として「紫電」や「紫電改」生産の指揮にあった清水三朗氏、菊原設計部長の腹心として「強風」「紫電」「紫電改」などの基礎計画および設計を担当した井上博之氏ら、旧川西航空機の十人ほどの方がたにお目にかかることができたのはさいわいだった。

　川西航空機の後身である新明和工業の御厚意で、同社甲南製作所の一室を借りてお目にかかった皆さんは、ざっと五十年の歳月を一気にタイムスリップし、さながら昨日のことのように当時の思い出を語ってくれた。また印象的だったのは、この人たちが川西から引きつづいて戦後も勤務したせいもあるが、新明和がOBたちをあたたかく迎えていたことで、これも取材にたいへんプラスになった。

　清水三朗、宇野唯男、井上博之、岸川皎蔵、豊福厲治《れいじ》、田中賀之、崎村善一、平木本一、鳥本泰次郎、大木高祐の各氏、それに新明和工業前常務

取締役航空機事業部長小屋幸雄氏（現顧問）、同社甲南工場長木《き》方《ほう》敬興《たかおき》氏ほか甲南工場の皆さんにお礼を申し上げたい。

筆者は、この本を出す前の数年の間に、『紫電改の六機』『最後の撃墜王』という、いずれも「紫電改」で戦った人たちのことを書いた本を出した。本書をハード（ウェア）の本とすれば、いわばソフトに相当する本で、相互に補完の関係にあり、あわせて読んでいただけたらと思う。

終わりに、いつものことながら本の完成にいたるまでにひとかたならぬ助力をいただいた光人社常務取締役牛嶋義勝氏、同社出版製作部坂梨誠司氏ほか編集や校正にかかわった皆さん、どうもありがとう。

平成五年十二月二十一日

碇　義朗

文庫版のあとがき

紫電改について、最初に発表したのは「航空ファン」誌上で、一九七四年一月号から一九七五年六月号まで、「戦闘機紫電改物語」として十八回にわたって連載した。単行本としては一九七五年四月に白金書房から「戦闘機・紫電改」として出したのが最初で、以後、同じ書名で廣済堂出版、サンケイ出版などからも刊行されているが、何といっても極め付きは平成六年二月に光人社から刊行された「最後の戦闘機・紫電改」で、判を重ねること実に十回に及び、「紫電改」ファンの多さを実感させてくれた。私の印象としては、日本海軍の戦闘機を代表するものとして零戦とともに「紫電改」の名を欠かすことは出来ない。だから今回、NF文庫として「紫電改」の本が復活することは、とても嬉しい。

思い返してみると、この本に登場する源田実、菊原静男氏をはじめ、「紫電改」にゆかりのある多くの方々が亡くなられ、直接その開発と実戦について語れる方は居なくなった。それだけに「紫電改」について語り継ぐ格好の語り部として、NF文庫化は貴重な役割を果たしてくれる事と思う。

二〇〇六年十一月十二日

碇　義朗

単行本　平成六年一月　光人社刊

NF文庫

最後の戦闘機 紫電改

二〇一四年五月 十八 日 新装版印刷
二〇一四年五月二十四日 新装版発行

著 者 碇 義朗
発行者 高城直一
発行所 株式会社潮書房光人社
〒102-0073 東京都千代田区九段北一-九-十一
振替／〇〇一七〇-六-五四六九三
電話／〇三-三二六五-一八六四㈹
印刷所 株式会社堀内印刷所
製本所 東 京 美 術 紙 工

ISBN978-4-7698-2519-7 C0195
http://www.kojinsha.co.jp

NF文庫

刊行のことば

第二次世界大戦の戦火が熄《や》んで五〇年——その間、小社は夥しい数の戦争の記録を渉猟し、発掘し、常に公正なる立場を貫いて書誌とし、大方の絶讃を博して今日に及ぶが、その源は、散華された世代への熱き思い入れであり、同時に、その記録を誌して平和の礎とし、後世に伝えんとするにある。

小社の出版物は、戦記、伝記、文学、エッセイ、写真集、その他、すでに一、〇〇〇点を越え、加えて戦後五〇年になんなんとするを契機として、「光人社NF（ノンフィクション）文庫」を創刊して、読者諸賢の熱烈要望におこたえする次第である。人生のバイブルとして、心弱きときの活性の糧《かて》として、散華の世代からの感動の肉声に、あなたもぜひ、耳を傾けて下さい。

＊潮書房光人社が贈る勇気と感動を伝える人生のバイブル＊

ＮＦ文庫

わが戦車隊ルソンに消えるとも 戦車隊戦記
「丸」編集部編　つねに先鋒となり、奮闘を重ねる若き戦車兵の活躍と共に電撃戦の主役、日本機甲部隊の栄光と悲劇を描く。表題作他四篇収載。

深謀の名将 島村速雄 秋山真之を支えた陰の知将の生涯
生出　寿　日本の危機を救ったもう一人の立役者の真実。大局の立場に立ち名利を捨て、生死を超越した海軍きっての国際通の清冽な生涯。

帽ふれ 小説 新任水雷士
渡邉　直　遠洋航海から帰り、初めて配属された護衛艦で水雷士となった若き海上自衛官の一年間を描く。艦船勤務の全てがわかる感動作。

航空母艦「赤城」「加賀」 大艦巨砲からの変身
大内建二　太平洋戦争緒戦、日本海軍主力空母として活躍した「赤城」「加賀」の誕生から大改造を経て終焉までを写真・図版多数で詳解する。

満州辺境紀行 戦跡を訪ね歩くおもしろ見聞録
岡田和裕　満州の中の日本を探してロシア、北朝鮮の国境をゆく！　日本の遺産を探し求め、隣人と日本人を見つめ直す中国北辺ぶらり旅。

伝承 零戦空戦記3 特別攻撃隊から本土防空戦まで
秋本　実編　敵爆撃機の空襲に立ち向かった搭乗員たち、出撃への秒読みに戦慄した特攻隊員の心情を綴る。付・「零戦の開発と戦い」略年表。

＊潮書房光人社が贈る勇気と感動を伝える人生のバイブル＊

ＮＦ文庫

中島知久平伝　日本の飛行機王の生涯
豊田　穣

「隼」「疾風」「銀河」を量産する中島飛行機製作所を創立した、創意工夫に富んだ男の生涯とグローバルな構想を直木賞作家が描く。

指揮官の顔　戦闘団長へのはるかな道
木元寛明

大勢の部下をあずかる部隊長には、指揮官顔ともいえる一種独特の雰囲気がある。防大を卒業した陸上幹部自衛官の成長を描く。

西方電撃戦　タンクバトルⅠ
齋木伸生

激闘〝戦車戦〟の全てを解き明かす。創世期から第二次大戦まで、年代順に分かりやすく描く戦闘詳報。イラスト・写真多数収載。

伝承 零戦空戦記２　ソロモンから天王山の闘いまで
秋本　実　編

搭乗員の墓場と呼ばれた戦場から絶対国防圏を巡る戦い、押し寄せる敵機動部隊との対決——パイロットたちが語る激戦の日々。

英雄なき島　硫黄島戦生き残り元海軍中尉の証言
久山　忍

戦場に立ったものでなければ分からない真実がある。空前絶後の激戦場を生きぬいた海軍中尉がありのままの硫黄島体験を語る。

第二次日露戦争　失われた国土を取りもどす戦い
中村秀樹

経済危機と民族紛争を抱えたロシアは〝北海道〟に侵攻した！　自衛隊は単独で勝てるのか？　『尖閣諸島沖海戦』につづく第二弾。

＊潮書房光人社が贈る勇気と感動を伝える人生のバイブル＊

ＮＦ文庫

日本軍艦ハンドブック 連合艦隊大事典
「丸」編集部編
日本海軍主要艦艇四〇〇隻（七〇型）のプロフィール——艦歴戦歴・要目が一目で分かる決定版。写真図版二〇〇点で紹介する。

海軍かじとり物語 操舵員の海戦記
小板橋孝策
砲弾唸る戦いの海、死線彷徨のシケの海、死んでも舵輪は離しません——一身一艦の命運を両手に握った操舵員のすべてを綴る。

伝承 零戦空戦記1 初陣から母艦部隊の激闘まで
秋本 実編
無敵ＺＥＲＯで大空を翔けたパイロットたちの証言。日本の運命を託された零戦に賭けた搭乗員たちが綴る臨場感溢れる空戦記。

最後の飛行艇 海軍飛行艇栄光の記録
日辻常雄
死闘の大空に出撃すること三九二回。不死身の飛行隊長が綴る戦いの日々。海軍飛行艇隊激闘の記録を歴戦搭乗員が描く感動作。

陸軍人事 その無策が日本を亡国の淵に追いつめた
藤井非三四
近代日本最大の組織、陸軍の人事とはいかなるものか？　軍隊にもあった年功主義と学歴主義。その実態を明らかにする異色作。

人間爆弾「桜花」発進 桜花特攻空戦記
「丸」編集部編
〝ロケット特攻機・桜花〟に搭乗し、一機一艦を屠る熱き思いに殉じた最後の切り札・神雷部隊の死闘を描く。表題作他四篇収載。